南京水利科学研究院出版基金资助

渤海湾水动力及泥沙特性研究

唐 磊　王宁舸　孙林云 ● 著

河海大学出版社
·南京·

图书在版编目(CIP)数据

渤海湾水动力及泥沙特性研究 / 唐磊,王宁舸,孙林云著. -- 南京:河海大学出版社,2024.12.
ISBN 978-7-5630-9480-6

Ⅰ. TV882.821;TV148

中国国家版本馆 CIP 数据核字第 2025GQ7951 号

书　　名	渤海湾水动力及泥沙特性研究 BOHAIWAN SHUIDONGLI JI NISHA TEXING YANJIU
书　　号	ISBN 978-7-5630-9480-6
责任编辑	张心怡
特约校对	马欣妍
封面设计	张世立
出版发行	河海大学出版社
地　　址	南京市西康路1号(邮编:210098)
电　　话	(025)83737852(总编室)　(025)83722833(营销部)
经　　销	江苏省新华发行集团有限公司
排　　版	南京布克文化发展有限公司
印　　刷	广东虎彩云印刷有限公司
开　　本	718毫米×1000毫米　1/16
印　　张	14.25
字　　数	263千字
版　　次	2024年12月第1版
印　　次	2024年12月第1次印刷
定　　价	92.00元

前言

渤海湾作为我国北方重要的半封闭海湾,地处京津冀经济圈与环渤海经济带的核心区域,其独特的地理位置和水动力泥沙环境使其在区域经济发展中扮演着重要角色。近年来,随着大规模造陆工程、港口建设及城市化进程的推进,渤海湾的自然水动力条件与泥沙输移规律发生了一定的变化,给河口防洪、海岸稳定、河口海岸综合利用等带来了新的挑战。在此背景下,深入研究渤海湾的水动力特征与泥沙运动规律、科学评估人类活动对海湾环境的影响,成为保障区域可持续发展的重要课题。

本书依托水利部公益性行业科研专项经费项目"渤海湾造陆工程对海河流域主要河口防洪影响",通过整合多学科方法与技术手段,包括现场水文测验、遥感反演、数值模拟等,系统梳理了渤海湾及海河流域海河、永定新河、独流减河等的主要入海河口的历史水文泥沙数据、气象观测资料及现场实测结果。研究内容涵盖渤海湾的气象特征、风浪特性、潮汐潮流规律、风暴潮演变机制、泥沙来源与冲淤演变,以及冰凌、赤潮、海平面上升等环境因子。本书旨在揭示渤海湾水动力与泥沙运动的时空变化规律,为深入研究海河流域主要河口防洪与综合利用开发提供科学依据。

全书共分为 9 章,第 1 章概述了渤海湾及主要河口的基本情况,后续章节依次从气象、风浪、潮汐潮流、风暴潮、泥沙运动及河口区冲淤演变、冰凌、赤潮、海平面上升等方面展开深入分析,最终提出综合性结论。唐磊撰写第3、4、5章,王宁舸撰写第1、6、7章,孙林云撰写第2、8、9章。书中汇集了1917—2012年海河流域主要入海河口水文泥沙数据和渤海湾内历年来的自然条件资料,同时结合2013年渤海湾大范围水文测验数据,展现了渤海湾造陆工程实施前后的水动力泥沙环境响应特征。希望本书能为政府部门、科研机构及工程单位的渤海湾综合治理与可持续发展工作提供参考,同时也为相关领域的研究者提供基础数据与方法借鉴。

  本书内容凝聚了水利部交通运输部国家能源局南京水利科学研究院及协作单位多位专家学者的智慧与努力,在此谨致谢忱。由于作者水平有限,书中难免存在疏漏之处,恳请读者批评指正。

作者

2024年12月

目录

第 1 章　概况 ·· 001
　1.1　渤海湾 ·· 003
　1.2　海河口 ·· 004
　　　1.2.1　河口段概况 ·· 004
　　　1.2.2　入海径流及泥沙 ·· 004
　　　1.2.3　河口现有水利工程及防洪标准 ······································ 007
　　　1.2.4　河口相关规划 ··· 010
　1.3　永定新河口 ··· 011
　　　1.3.1　河口段概况 ·· 011
　　　1.3.2　入海径流及泥沙 ·· 011
　　　1.3.3　河口现有水利工程及防洪标准 ······································ 012
　　　1.3.4　河口相关规划 ··· 013
　1.4　独流减河口 ··· 014
　　　1.4.1　河口段概况 ·· 014
　　　1.4.2　入海径流及泥沙 ·· 014
　　　1.4.3　河口现有水利工程及防洪标准 ······································ 016
　　　1.4.4　河口相关规划 ··· 019
　1.5　本章小结 ·· 019

第 2 章　气象 ·· 021

第3章　风浪特性 … 027

3.1 风况 … 029
- 3.1.1 大清河盐场站 … 029
- 3.1.2 汉沽气象站 … 031
- 3.1.3 塘沽气象站 … 031
- 3.1.4 新港灯船站 … 034
- 3.1.5 新港灯塔站 … 037
- 3.1.6 天津港东突堤观测站 … 037
- 3.1.7 塘沽海洋站(7#平台) … 040

3.2 重现期风速 … 041
- 3.2.1 塘沽气象站风速资料分析 … 041
- 3.2.2 塘沽海洋站风速资料分析 … 041
- 3.2.3 大港气象站风速资料分析 … 041
- 3.2.4 A平台气象站风速资料分析 … 041

3.3 波浪 … 048
- 3.3.1 新港灯船站 … 048
- 3.3.2 新港灯塔站(测波站) … 051
- 3.3.3 塘沽海洋站(7#平台) … 052

3.4 代表波 … 053

3.5 重现期波要素 … 054
- 3.5.1 风推浪方法推算 … 054
- 3.5.2 天气图方法推算 … 055
- 3.5.3 塘沽海洋站重现期波高分析结果 … 057
- 3.5.4 以往渤海湾重现期波要素分析成果 … 058
- 3.5.5 重现期波要素推荐值 … 059

3.6 本章小结 … 060

第4章　潮汐潮流特性 … 061

4.1 潮汐 … 063
- 4.1.1 曹妃甸验潮站 … 063
- 4.1.2 天津港(塘沽)验潮站 … 064
- 4.1.3 南港工业区验潮站 … 067
- 4.1.4 黄骅港验潮站 … 068

		4.1.5	各港区理论最低潮面对比分析 ·································	069
		4.1.6	2013年渤海湾大范围水文测验潮位资料 ···············	070
	4.2	潮流	···	082
		4.2.1	曹妃甸海域 ···	082
		4.2.2	北疆电厂海域 ··	088
		4.2.3	永定新河口海域 ··	089
		4.2.4	海河口海域 ···	093
		4.2.5	独流减河口海域 ··	095
		4.2.6	2013年渤海湾大范围水文测验潮流资料 ···············	097
	4.3	设计水位推算 ···	099
		4.3.1	塘沽验潮站 ···	099
		4.3.2	南港工业区验潮站 ··	100
	4.4	重现期潮位推算 ··	102
		4.4.1	塘沽验潮站 ···	102
		4.4.2	南港工业区验潮站 ··	104
	4.5	本章小结 ··	106

第5章 风暴潮 ·· 107

5.1	1985年以前概述 ···	109
5.2	1985年以来概述 ···	109
5.3	典型风暴潮 ··	109
	5.3.1 7203号台风(Rita)引起的风暴潮 ·································	109
	5.3.2 9216号台风(Polly)引起的风暴潮 ·······························	110
	5.3.3 9711号台风(Winnie)引起的风暴潮 ···························	111
	5.3.4 2003年10月寒潮引起的风暴潮 ·································	112
	5.3.5 1210号台风(Damrey)引起的风暴潮 ·························	112
5.4	典型风暴潮过程模拟 ···	114
	5.4.1 风暴潮计算模式 ···	114
	5.4.2 模型建立 ··	115
	5.4.3 参数选取 ··	116
	5.4.4 模型验证 ··	119
	5.4.5 渤海湾造陆工程前风暴潮最高潮位成果 ···············	122
5.5	工程后风暴潮最高潮位变化 ··	126

    5.5.1 工程后闸下通道自然地形工况 ································· 126
    5.5.2 工程后闸下通道开挖地形工况 ································· 131
  5.6 典型台风或风暴潮动力条件下主要河口泄洪过程 ·················· 132
    5.6.1 工程后闸下通道自然地形工况 ································· 132
    5.6.2 工程后闸下通道开挖地形工况 ································· 137
  5.7 本章小结 ·· 137

第6章 渤海湾泥沙运动及主要河口区冲淤演变 ······························· 139
  6.1 泥沙来源 ·· 141
  6.2 永定新河口新淤淤泥 ·· 142
  6.3 含沙量 ·· 145
    6.3.1 永定新河口 ·· 145
    6.3.2 海河口 ·· 152
    6.3.3 独流减河口 ·· 158
    6.3.4 2013年渤海湾大范围水文测验含沙量资料 ············· 167
  6.4 海床底质 ·· 171
    6.4.1 永定新河口海域 ·· 171
    6.4.2 海河口海域 ·· 172
    6.4.3 独流减河口海域 ·· 173
    6.4.4 2013年渤海湾大范围水文测验底质资料 ················· 178
  6.5 河口区冲淤演变 ·· 184
    6.5.1 永定新河口海域 ·· 184
    6.5.2 海河口海域 ·· 185
    6.5.3 独流减河口海域 ·· 189
  6.6 本章小结 ·· 191

第7章 渤海湾冰凌和赤潮调查 ··· 193
  7.1 冰凌 ·· 195
    7.1.1 一般冰情 ·· 195
    7.1.2 异常冰情 ·· 195
    7.1.3 现场冰情考察 ·· 198
    7.1.4 冰凌影响及对策 ·· 202
  7.2 赤潮 ·· 202

  7.2.1 渤海湾赤潮发生事件概况 ······ 203
  7.2.2 渤海湾赤潮发生特点 ······ 203
 7.3 本章小结 ······ 205

第8章 海平面上升 ······ 207
 8.1 我国海平面上升趋势 ······ 209
 8.2 渤海及天津沿海海平面上升趋势 ······ 210
 8.3 海平面上升的危害与对策 ······ 211
 8.4 本章小结 ······ 212

第9章 主要结论 ······ 213

第1章

概况

1.1 渤海湾

渤海湾是渤海三大海湾之一,是一个向西凹入的弧形浅水海湾,位于河北省唐山市、天津市、河北省沧州市和山东省黄河口之间的渤海西部海域,湾口以河北省唐山市乐亭县大清河口至山东省旧黄河口一线为界,面积约 1.75 万 km²。渤海湾水深一般小于 20 m,湾内地形自湾顶向渤海中央缓倾,滩面坡度平缓,沉积物以细颗粒黏性土为主,为淤泥质海岸,局部区域沉积物为细粉砂。渤海湾内入海河流众多,如大清河、沙河、陡河、蓟运河、永定新河、潮白新河、海河、独流减河、子牙新河、捷地减河、南排水河、漳卫新河等,主要入海河流为海河、永定新河和独流减河。在渤海湾沿线规划建设有曹妃甸港区、丰南工业区、北疆电厂、中心渔港、滨海航母主题公园、滨海旅游区、天津港、临港工业区、南港工业区、黄骅港、滨州港等工程,见图 1.1。

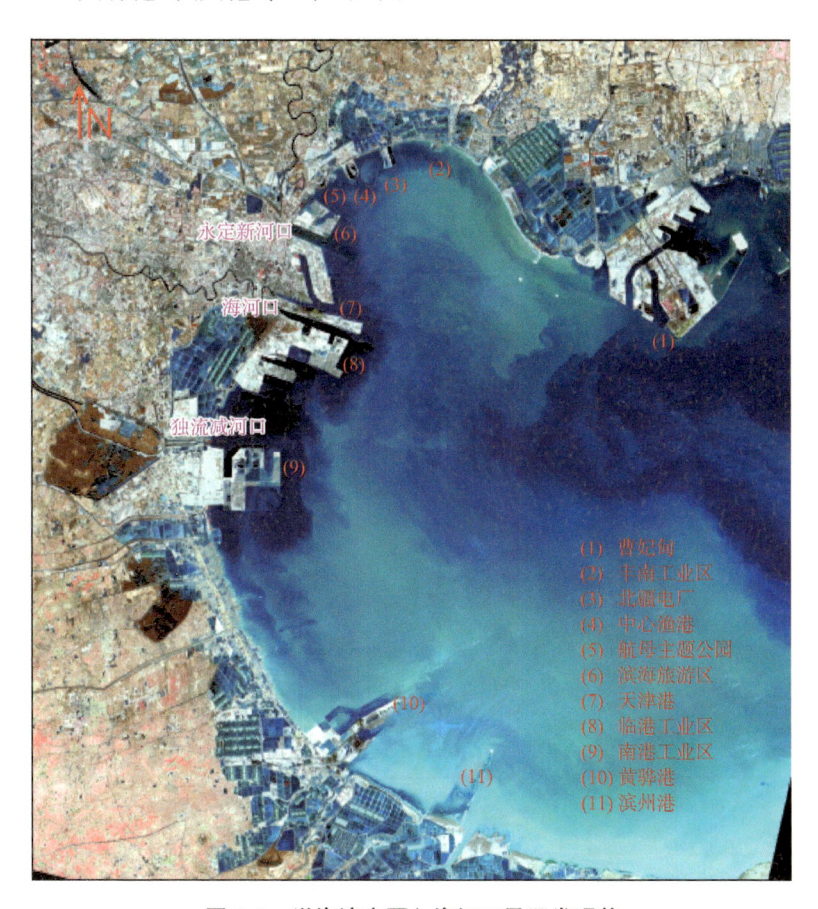

图 1.1 渤海湾主要入海河口及开发现状

1.2 海河口

1.2.1 河口段概况

海河口是海河干流的入海口,海河干流在历史上是海河流域南运河、子牙河、大清河、永定河、北运河等五河汇流入海之尾闾。干流流经天津市中心区、东丽区、津南区和塘沽区(已撤销,今滨海新区,下同),经海河防潮闸入渤海。其范围包括屈家店闸以下的北运河段长 15.15 km,西河闸以下的子牙河(即西河)段长 16.54 km,子北汇流口以下至防潮闸的海河段长 73.45 km;三闸间统称为海河干流,全长 105.14 km。根据流域规划和天津市城市防洪规划要求,海河干流除承担大清河和永定河部分洪水外,还具有排涝、蓄水、通航、旅游和改善城市环境的功能。

1.2.2 入海径流及泥沙

海河干流历史上入海水量丰沛,入海泥沙较多。据 1917—1957 年统计资料,多年平均径流为 95.6 亿 m^3,输沙量为 812.73 万 m^3。历史最大径流为 1937 年的 262 亿 m^3。海河口建闸后,由于上游用水不断增加及 1970 年代以来连续枯水,海河闸闭闸蓄水,使下泄水量和输沙量逐渐减少。据海河闸实测资料(见表 1.1)统计(结果见表 1.3):多年平均径流 1960 年代为 44.83 亿 m^3,1970 年代为 10.10 亿 m^3,1980 年代以来不到 2.0 亿 m^3;1958—1995 多年平均径流为 16.89 亿 m^3,仅为建闸前的 18%;1976 年无径流入海;建海河闸以来实测多年平均入海沙量为 18.29 万 m^3(其中汛期 11.12 万 m^3),仅为建闸前的 2.3%;1980 年代以来入海沙量更少,多年平均入海沙量仅为 500 m^3。

据 1998—2002 年和 2008—2012 年海河闸实测资料(见表 1.2)统计,多年平均径流量为 2.88 亿 m^3,仅为建闸前的 3%。由于上游来水匮乏,海河闸除汛期泄洪外,几乎没有径流下泄。近些年来,海河闸年平均提闸次数为 64 次,长期闭闸挡潮,闸下河道的河流动力作用明显削弱。

表 1.1 海河闸历年实测泄流量(1960—1996 年)

年份	径流量 (亿 m^3)	最大泄量 (m^3/s)	日期	实测流量 (m^3/s)	日期	闸上水位 (m)	闸下水位 (m)	水头差 (m)
1960	15.43			1 680	8月5日	1.55		

续表

年份	径流量（亿 m³）	最大泄量（m³/s）	日期	实测流量（m³/s）	日期	闸上水位（m）	闸下水位（m）	水头差（m）
1961				190	8月1日	1.21		
1962				1 280	7月25日	1.35	1.28	0.07
1963	82.83	1 698	8月28日	1 698	8月28日	2.3	1.66	0.64
1964				1650	7月28日	1.81	1.23	0.58
1965	27.95	1 330	6月15日	787	6月14日	1.85	1.59	0.26
1966	27.54	1 340	9月20日	1 020	8月30日	1.49	1.3	0.19
1967	23.92	1 220	10月9日	1 010	10月9日	1.36	1.07	0.29
1968	5.13	497	2月29日					
1969	29.94	1 140	8月12日	1 100	8月12日	1.75	1.49	0.26
1970	15.33	1 020	8月16日	903	8月2日	1.32	1.12	0.20
1971	5.53	885	9月5日	804	7月27日	1.66	1.51	0.15
1972	0.63	1 165	7月28日	471				
1973	18.82	860	12月9日	558	8月7日	1.95	1.83	0.12
1974	6.77	616	8月28日	614	8月30日	1.7	1.54	0.16
1975	2.56	620	8月1日		8月1日	1.89	1.73	0.16
1976	0			961				
1977	21.10	1 050	8月7日	842	8月11日	1.69	1.42	0.27
1978	13.20	944	8月11日	839	8月9日	1.57	1.35	0.22
1979	17.00	950	7月20日		7月26日	1.35	1.17	0.18
1980	0.52	77						
1981	0.92			445	8月18日	1.83	0.84	0.99
1982	0.39	461	8月4日	341	8月5日	0.67		
1983	0.25			307		0.83	0.75	0.08
1984	1.64	499	8月12日	499	8月12日	0.67	0.57	0.10
1985	1.99	347	10月11日	321	9月3日	0.9	0.79	0.11
1986	1.63	321	6月28日	315	6月28日	1.16	1.07	0.09
1987	2.51	338				1.55		

续表

年份	径流量 (亿 m³)	最大泄量 (m³/s)	日期	实测流量 (m³/s)	日期	闸上水位 (m)	闸下水位 (m)	水头差 (m)
1988	6.43	324	8月27日	314	8月27日	1.21	1.01	0.06
1989	0.74	980	7月25日			1.35	1.28	
1990	2.18	180	7月30日	180	7月30日	2.3	1.66	0.05
1991	2.11	169	9月7日		9月7日	1.81		
1992	0.64	183	12月10日	183	12月10日	1.85		
1993	0.87	122	7月12日	122	7月12日	1.49		
1994	2.08	192	8月9日	192	8月9日	1.36		
1995	5.29	226	9月27日	226	9月27日			
1996	9.58	325	9月15日	325	9月15日	1.75		

表1.2 海河闸历年实测泄流量(1998—2002年、2008—2012年)

年份	提闸次数	最大流量 (m³/s)	日期	年平均流量 (m³/s)	径流量 (亿 m³)
1998	74	104	8月8日	8.03	2.53
1999	35	48.5	8月10日	2.43	0.77
2000	29	50.6	12月18日	2.13	0.67
2001	53	63.1	7月5日	3.94	1.24
2002	88	52.2	1月8日	3.4	1.07
2008	52	1 120	8月8日	9.98	3.16
2009	55	951	4月29日	13.1	3.16
2010	49	827	12月3日	9.04	2.85
2011	70	768	7月30日	14.7	4.65
2012	130	1 240	7月28日	27.5	8.70

表1.3 海河干流建闸前后径流输沙量对照表

时间	统计年份	多年平均径流量(亿 m³)		多年平均输沙量(万 m³)	
		全年	汛期	全年	汛期
建闸前	1917—1957	95.61		812.73	
建闸后	1958—1995	16.89	9.82	18.29	11.12
	1998—2012	2.88	—	—	—

续表

时间	统计年份	多年平均径流量(亿 m³)		多年平均输沙量(万 m³)	
		全年	汛期	全年	汛期
建闸后	1960 年代	44.83	22.99	66.9	40.68
	1970 年代	10.10	8.63	3.66	2.21
	1980 年代	1.70	1.35	0.07	0.06
	1990—1995	2.29	1.8	0.03	0.03
	1998—2002	1.26	—	—	—
	2008—2012	4.50	—	—	—

1.2.3 河口现有水利工程及防洪标准

1.2.3.1 海河防潮闸

海河防潮闸(见图 1.2,以下简称海河闸)于 1958 年修建,共 8 孔,每孔净宽 8 m,连同闸墩总宽 76 m,净宽 64 m,闸底板高程－7.59 m,原设计闸上水位 2.01 m,闸下水位 0.71 m,设计行洪能力 1 200 m³/s,闸上引河长 300 m,底高程－7.59 m,闸下引河长 700 m,底高程由－7.59 m 抬高至－5.59 m,引河底

图 1.2 海河防潮闸

宽 250 m。海河闸的建设为天津市及上游地区的防洪、防潮、供水等方面发挥了巨大的作用，但经过 40 年运行，闸下淤积严重。海河闸的修建和上游径流锐减，改变了河口水动力和边界条件，使海相泥沙淤积在闸下河道内，严重堵塞了入海通道，加之干流堤防下沉等原因，导致海河过流能力急剧下降。

海河口地区地面沉降，以及闸上、闸下河道淤积等原因导致防潮闸过流能力锐减。20 世纪 80 年代后期以来，有关单位对海河口现状及泄流能力进行了多次研究，其成果见表 1.4。由表可知，影响海河闸泄流能力的主要因素是海河干流河道状况、闸上控制水位、闸下河道地形、闸下潮型等。如果闸上水位仍然维持在 1.01 m，闸下为"72"潮型，在 1995 年 8 月河口疏浚前地形条件下，海河闸日均过流能力仅为 231 m³/s。水利部海河水利委员会（以下简称海委）在进行海河口等的"三河口规划"时，相关研究结果表明，当闸下地形为 1995 年 8 月地形，闸下潮形为"72"潮型，闸上水位提高到 2.03 m 时，日均过流能力为 627 m³/s。而当闸下河道清淤槽长 4 km，宽 100 m，底高程为 -5.59 m，闸上允许水位仍为 2.03 m 时，海河闸日均过流能力增加到 807 m³/s。

表 1.4 海河口现状及规划泄流能力计算结果

水位(m)				闸下河道地形	日均泄流能力 (m³/s)	备注
闸上		闸下				
大沽基准	85 基准	大沽基准	85 基准			
2.6	1.01	2.3	0.71		1 200	原设计
2.6	1.01	"72"潮型	"72"潮型	1995 年 8 月地形	231	数模计算
3.62	2.03	"72"潮型	"72"潮型	1995 年 8 月地形	627	
3.62	2.03	"72"潮型	"72"潮型	闸下河道清淤	807	

1.2.3.2 海河干流堤防

历史上，海河干流由于河道狭窄、泄流量大，经常泛滥成灾，直接影响着天津市的防洪安全。中华人民共和国成立后，特别是 1963 年大洪水后，遵循"上蓄、中疏、下排、适当地滞"的治理方针，上游兴建大量水利工程，初步建立了海河流域防洪体系，改变了各河出海河集中入海的不利局面，并先后兴建了西河闸、屈家店闸，有效地控制了大清河、永定河的洪水。为了利用海河干流蓄淡防咸，促进海河两岸工农业发展，1958 年在入海口修建防潮闸，70 年代以后海河水系缺水现象日益严重,先后三次在干流上拦河筑坝,上游通航被中断。1985年于海河军粮城附近兴建二道闸,为"闸上保水,闸下通航"创造了条件。随着时间的推移,由于河口及河道严重淤积、堤防下沉、护岸和沿河建筑物老化失修、桥梁阻水严重等原因,河道的过流能力由原设计的 1 200 m³/s 下降至 250 m³/s 左右。为了推进天津市防洪安全,1991年开始对海河干流进行全面治理,至1997年,河道过流能力已达到 400 m³/s。

天津市水利勘测设计院先后于1995年10月、1997年3月编制了《天津市海河干流治理工程初步设计报告》及其报批稿;1997年7月,经水电水利规划设计总院会同海委审批,上报水利部批准。海河干流治理及堤防复建工程已于2002年完成。海河干流设计洪水位及设计堤顶高程见表1.5。

表1.5 海河干流设计洪水位及设计堤顶高程

断面名称	河道中心线桩号	设计水位(m) 大沽基准	设计水位(m) 85基准	堤顶超高(m)	设计堤顶高程(m) 大沽基准	设计堤顶高程(m) 85基准
	0+000					
耳闸	0+246	5.04	3.45	1.25	6.29	4.70
解放桥	5+279	4.49	2.90	1.25	5.74	4.15
洪泥河口下游	20+954	4.04	2.45	1.90	5.94	4.35
二道闸	34+405	3.82	2.23	1.90	5.72	4.13
		3.78	2.19		5.68	4.09
海河闸	73+450	3.62	2.03	1.70	5.32	3.73
		3.85	2.26			
六米站	77+450	3.85	2.26			

1.2.3.3 海河口清淤工程

海河口建闸后,闸上、下游河道淤积严重。为了安全度汛,天津市自1973年开始于每年汛前进行河口清淤。1981年,水利部海委下游局主管河口清淤工程,1981—1994年年清淤量为 40 万~60 万 m³,1995年结合海河干流治理工程加大清淤规模。1973—1995年这20多年时间,闸下清淤量为 1 100 多万 m³,年均清淤量约为 50 万 m³。1995年、1996年的清淤量为 100 万 m³;1997年、1998年按海河干流 400 m³/s 的标准进行清淤,1999年以后按海河干流 800 m³/s 的标准进行清淤。闸下清淤槽长 4 km、宽 100 m、底高程 −5.59 m，年清淤量在 100 万 m³ 以上。

2001 年，水利部对海委组织编制的《海河流域海河口、永定新河口、独流减河口综合整治规划报告》(以下简称《三河口规划》)进行了批复，指出"河口清淤事关天津市的防洪安危，是一项长期的任务"。因此，河口清淤工程是保障该河口泄流通畅的必要措施。

1.2.3.4　海河口防洪排涝标准

根据《海河流域海河口、永定新河口、独流减河口综合整治规划报告》(报批稿，2001 年 1 月)，海河干流规划的行洪排滞技术指标是：①行洪：海河干流入海设计行洪流量为日均 800 m³/s，相应闸上最高水位为 2.03 m，外海典型潮为 1972 年 7 月 26 日潮型(简称"72"潮型)。②排涝面积 1 008.81 km²，排涝流量为日均 717 m³/s(未计入海河干流上游中亭河涝水 200 m³/s)，相应外海潮型为 1984 年 8 月 11 日潮型(简称"84"潮型)。③行洪、排涝时规划确定的闸下河道清淤条件相同，清淤指标为清淤槽长 4 km、宽 100 m、底高程 −5.59 m、边坡坡度 1∶8。

1.2.4　河口相关规划

海河口现有三个出海口，分别为新港船闸、海河防潮闸和渔船闸。新港船闸出海口建设有天津港北疆港区和天津港主航道等工程；海河防潮闸出海口建设有天津港南疆港区和大沽沙航道；海河防潮闸出海口右岸规划建设有天津临港经济区。

天津港北疆港区位于主航道(水深已达 −21.0 m，25 万吨级船舶可自由进出港，30 万吨级船舶可乘潮进出港)北侧、永定新河口以南，西至海滨大道，东与东疆港区共轭反"F"型北港池，规划码头岸线总长 19.1 km，陆域总面积 31.2 km²。根据北疆港区的定位，北疆港区将加快退出矿石等大宗散货作业，重点发展集装箱，兼顾发展商品汽车、钢铁等对环境影响较小的货类。

天津港南疆港区位于新港航道南岸、大沽沙航道北侧，为东西长 15 km、南北宽 1.3~2 km 的狭长人工岛，规划港口岸线为 24.8 km，其中北侧港口岸线 12.85 km，南侧港口岸线 12.0 km，陆域总面积 25.7 km²。根据港区定位和南北岸线的利用现状、开发条件，北侧岸线是南疆港区的开展重点，南侧岸线视陆域条件和需求适当、适度开发。结合运量预测，规划港区北侧保留目前的支持系统区和石化作业区,在现有煤炭、矿石码头的基础上继续向东建设煤、矿码头,形成集约发展的干散货作业区,北侧东部依托在建的 30 万吨级原油码头发展大型原油码头区。港区南侧岸线比较丰富,但陆域集疏运等条件较差,开发的需求也不明朗,规划除已有意向的西部岸线发展石化作业区、中部陆域纵深较小的岸线发展支持系统区外,其余岸线规划为预留发展区。根据城市发展要求,南疆散货物流中心逐步调整,退出货运功能。

天津临港经济区位于京畿门户的海河入海口南侧滩涂浅海区,是通过围海造地形成的港口工业一体化的海上工业新城,规划总面积为 200 km²,是滨海新区的重要功能区之一,也是国家循环经济示范区和国家新型工业化产业示范基地,建设定位为中国北方以装备制造为主导的生态型临港经济区,致力于发展装备制造、粮油加工、口岸物流三大支柱产业。

1.3　永定新河口

1.3.1　河口段概况

永定新河是于 1971 年人工开挖的河道,从天津市北辰区屈家店起至塘沽区北塘镇入海口止,全长 66 km。永定新河自上而下左岸依次有机场排污河、北京排污河、潮白新河、蓟运河等河道汇入,右岸依次有金钟河、黑猪河等汇入,是海河流域北系四水(永定、潮白、北运、蓟运)的共同入海通道,控制着北系四河 8.3 万 km² 的流域面积。永定新河不仅是天津市防洪的北部防线,其在海河流域的防洪治理中亦占有极其重要的地位。

1.3.2　入海径流及泥沙

近 30 年永定新河上游径流及沿程各汇入支流径流资料统计结果表明,该河上游来流量逐年减少,入海径流主要来自尾部汇入的潮白新河和蓟运河,两条支流多年平均汇入径流占入海径流总量的 78%。入海径流量年际丰枯悬殊,年内汛期集中,多年平均入海径流量为 15.816 亿 m³,其中汛期的入海径流量为 12.155 亿 m³/a。永定新河多年平均入海径流量和沙量的统计结果见表 1.6。由表可知,20 个世纪 70 年代年均入海径流量为 27.508 亿 m³,80 年代为 7.811 亿 m³,90 年代为 13.298 亿 m³。

表1.6 永定新河多年入海径流量和沙量统计表

年均入海径流量（亿 m³）		最大年入海径流量(亿 m³)	最小年入海径流量(亿 m³)	汛期年均入海径流量(亿 m³)	年平均入海沙量(万 t)
27.508	1972—1980 年				
7.811	1981—1990 年	50.131	0.061	12.155	26.12
13.298	1991—2000 年	1977 年	1983 年	1972—1998 年	1972—1987 年
15.816	1972—2000 年				

1.3.3 河口现有水利工程及防洪标准

1.3.3.1 永定新河防潮闸

永定新河防潮闸（以下简称永定新河闸）于 2010 年 5 月竣工，位于天津市塘沽区北塘镇，为 2 级水工建筑物。该防潮闸采用深孔与浅孔相结合布置，深孔底板高程 −6.0 m，浅孔底板高程 −1.0 m。防潮闸单孔净宽 15 m，中间深孔 8 孔，两侧浅孔各 6 孔。闸室结构为筏式整体结构平板，底板厚 2.0 m，两孔一联，中墩厚 20 m，缝墩厚 1.5 m。闸室总宽 350 m，其中深孔闸室宽 140 m，两侧浅孔闸室均为 105 m，见图 1.3。

图 1.3 永定新河防潮闸

1.3.3.2　永定新河口防洪排涝标准

按照《海河流域综合规划(2012—2030 年)》和《三河口规划》的要求,海河流域各骨干防洪河道的治理目标是恢复和巩固河道的原设计行洪能力。永定新河治理维持原定 50 年一遇洪水设计、百年一遇洪水校核的治理标准。屈家店闸承担的永定河洪泛区来水设计及校核洪水流量分别为 1 400 m³/s 和 1 800 m³/s,各支流汇入后,河口入海设计和校核流量分别为 4 640 m³/s 和 4 820 m³/s。根据《永定新河治理一期工程初步设计报告》,50 年一遇设计泄洪流量为 4 640 m³/s,外海水位为 2.37 m(黄海基面),闸上、闸下水位分别为 2.67 m 和 2.52 m(黄海基面)。

1.3.4　河口相关规划

永定新河口左岸为天津滨海旅游区,右岸为北塘经济区、天津港东疆港区。

滨海旅游区位于天津滨海新区北部生活片区,规划面积 100 km²,其中陆域 25 km²,其余 75 km² 海域将通过围海造陆建设。规划范围北至津汉快速路,西临中央大道,南到永定新河北治导线,东濒渤海。滨海旅游区是在淤泥质近海滩涂上建造以旅游产业为主导、二三产业协调发展的综合性城区,努力建设成为以主题公园、休闲总部、游艇总会为核心,京津冀共享的生态宜居海洋新城。

北塘经济区位于天津滨海新区核心区域,北至永定新河,南至京津高速延长线,东至入海口,西至塘汉快速路,这里历史悠久,景观优美,自然资源丰富,是生态和经济双向建设的战略要地。北塘经济区规划用地 13.1 km²,总建设面积 575 万 m²,其规划功能定位为能够承办国际型高端会议论坛的滨海新区国际会议举办地,与其他区域功能互补、共荣共生的企业总部基地,集旅游度假和特色餐饮于一体的具有中国北方渔镇风情的国际旅游目的地。

天津港东疆港区位于天津港东北部,为浅海滩涂人工围海造陆形成的三面环海半岛式港区,总面积约 30 km²。具备集装箱码头装卸、集装箱物流加工、商务贸易、生活居住、休闲旅游"五大功能"。

1.4 独流减河口

1.4.1 河口段概况

独流减河始挖于1953年,该人工河是承接大清河洪水经东淀分流入海的泄流工程,为大清河系的主要入海尾闾,其左堤是保卫天津市城市防洪安全的南部防线。1953年在进口处建有进洪闸一座,1966年后该河道经历多次扩建和延伸,1967年在河口处修建了工农兵防潮闸。1969年治理大清河下游时,在独流减河进口建了进洪新闸。1993年,对工农兵闸进行除险改建,1994年年底改建竣工,改建后的工农兵闸改称为独流减河防潮闸(以下简称独流减河闸)。2004—2006年对进洪闸进行了改建。独流减河西起(第六埠)进洪闸,流经西青、静海、滨海新区,经防潮闸入渤海,全长67 km。

1.4.2 入海径流及泥沙

据独流减河进洪闸水文站1955—2007年实测流量资料统计,多年平均径流量为6.66亿 m^3,径流主要集中于8—10月,最大年径流量为77.89亿 m^3(1954年)。洪水方面,20世纪五六十年代独流减河的洪水较大,每年最大洪峰发生时间集中在8、9月份。大于500 m^3/s 的洪水发生过9次:1954年8月(洪峰流量1 370 m^3/s)、1955年9月(洪峰流量765 m^3/s)、1956年8月(洪峰流量1 190 m^3/s)、1958年8月(洪峰流量800 m^3/s)、1959年9月(洪峰流量793 m^3/s)、1963年9月(洪峰流量1 220 m^3/s)、1964年8月(洪峰流量872 m^3/s)、1977年8月(洪峰流量800 m^3/s)和1996年8月(洪峰流量767 m^3/s)。其余年份的洪峰流量较小,1997年至今河道处于断流状态。

独流减河防潮闸1971—2012年入海水量统计见表1.7。由表可知,20世纪70年代、80年代和90年代的年均径流量分别为4.136亿 m^3、0.125亿 m^3 和2.772亿 m^3,2000—2011年独流减河下泄入海的径流量较小,2012年年径流量为2.299亿 m^3。该防潮闸1995—2012年最大流量统计见表1.8,1995年和1996年最大流量分别为1 450 m^3/s 和890 m^3/s,其后至2012年止各年最大流量为138~338 m^3/s。

海河流域各河系可分为两种类型:一种是发源于太行山、燕山背风坡的河流,如漳河、滹沱河、永定河、潮白河、滦河等。这些河流源远流长,山区汇水面积大,水系集中,比较容易控制,河流泥沙较多。另一种多发源于太行山、燕山迎风坡,如卫河、滏阳河、大清河、北运河、蓟运河等,其支流分散,源短流急,洪峰高、历时短、突发性强,难以控制。此类河流的洪水多是经过洼淀滞蓄后下泄,泥沙较少。

表1.7 独流减河防潮闸入海水量统计

年份	年均流量（m³/s）	年径流量（亿 m³）	年份	年均流量（m³/s）	年径流量（亿 m³）
1971	0.07	0.023	1994	1.214	0.383
1972	0	0	1995	41.32	13.030
1973	13.90	4.388	1996	41.22	13.000
1974	0.63	1.590	2003	1.78	0.56
1975	0.2	0.500	2004	1.36	0.43
1976	0.28	0.088	2005	2.66	0.84
1977	73.70	23.200	2006	1.78	0.56
1978	5.70	1.800	2008	1.01	0.32
1979	31.00	9.770	2009	0.76	0.24
1980—1983	0	0	2010	0.297	0.094
1984	0.20	0.628	2011	0.046	0.015
1985—1987	0	0	2012	7.29	2.299
1988	1.96	0.619	70年代平均	13.942	4.136
1989、1990	0	0	80年代平均	0.2160	0.125
1991	4.14	1.306	90年代平均	8.789	2.772
1992、1993	0	0	2000年后平均	1.306	0.412

表1.8 独流减河防潮闸提闸次数与最大流量统计

年份	提闸次数（次）	最大流量（m³/s）	发生日期
1995	146	1450	9月7日
1996	129	890	11月6日
2003	39	265	12月7日
2004	50	250	10月29日
2005	86	272	8月24日

续表

年份	提闸次数(次)	最大流量 (m^3/s)	发生日期
2008	22	338	10月24日
2009	14	138	10月19日
2010	11	189	10月22日
2011	4	159	10月14日
2012	32	315	8月3日

大清河流域多年平均年输沙量为975万t。其中,南支唐河最大,为249万t,占全河系的25.5%;潴龙河为135万t,占13.8%;南拒马河为128万t,占13.1%;白沟河为106万t,占10.9%。大清河南支各河以唐河的含沙量最大,多年平均值为6.6kg/m³(中唐梅),拒马河次之为2.92 kg/m³(紫荆关),沙河为2.24 kg/m³(阜平),南拒马河为1.87 kg/m³(北河店),潴龙河为1.85 kg/m³(北郭村),其他各河基本在1.5 kg/m³以下。

独流减河入海泥沙随着下泄径流的减小而大幅度减少。上游大清河来水被层层拦蓄、滞洪,导致通过进洪闸进入独流减河的径流含沙量很小,加之独流减河河道纵坡平缓,经工农兵防潮闸入海的径流基本为清水。"96.8"洪水期间,进洪闸实测含沙量为0.01~0.10 kg/m³。

1.4.3 河口现有水利工程及防洪标准

1.4.3.1 进洪闸

1953年开挖独流减河时,在河道进口修建了一座8孔进洪闸(现称进洪旧闸),设计流量为840 m³/s;1969年治理大清河中下游时,在进洪旧闸右侧(即南侧)建了一座25孔进洪新闸,设计流量为2 360 m³/s。因此,进洪闸的设计流量总计为3 200 m³/s。根据水利部《关于天津城市防洪规划的批复》(水规〔1993〕285号),独流减河防洪排涝标准为在东淀第六埠控制运用水位6.44 m、进洪闸闸下水位6.29 m的条件下,进洪闸的设计行洪流量由3 200 m³/s增加到3 600 m³/s。进洪闸的拆除改建工程自2004年开始,于2006年竣工。目前,进洪闸的设计流量为3 600 m³/s,闸上、闸下设计水位分别为6.44 m和6.29 m;校核流量为4 500 m³/s,闸上、闸下校核水位分别为6.94 m和6.82 m。

1.4.3.2 独流减河堤防及河道扩挖

1953年独流减河建成时,河道从第六堡至万家码头,与马厂减河平交后经北大港入海,其时河道全长43.5 km,设计流量为1 020 m³/s。1966年以后河道经多次扩建和延伸,1967年在入海口修建了工农兵防潮闸。

独流减河左堤是天津市城市防洪的南部防线,为1级堤防。独流减河左堤(长67.3 km,堤顶宽10 m)复堤加固已于2009年1月基本完毕,现已达到200年一遇防洪标准。大港电厂以上左堤(60.7 km)设计堤顶高程为行洪流量3 600 m³/s水位加超高2.5 m,大港电厂以下左堤(6.6 km)设计堤顶高程为行洪流量3 600 m³/s水位加超高2.0 m。右堤为2级堤防,全长70.36 km。2009年1月完成了团泊洼水库右堤2.42 km(桩号21+854~24+273)、北大港水库段复堤加固,右堤其余大部分尚未治理,穿堤建筑物老化失修,不能满足设计行洪要求。

1969年对河道按行洪流量为3 200 m³/s的规模进行了扩建:进洪闸至管铺头(约18.5 km)进行了深挖、展堤和复堤,两岸堤距为850 m;管铺头至万家码头进行了疏浚和堤防加固,河道内开辟了南、北两个深槽,其中管铺头(18+450~32+000)深槽底宽各260 m,32+000~43+500(万家码头)深槽底宽各320 m,两岸堤距为1 020 m。万家码头至北大港段的行洪道宽5 km,长18.7 km,该行洪道南北两侧分别开挖了宽40 m和35 m的深槽。行洪道下口东千米桥至独流减河防潮闸河道长5.6 km,两岸堤距1 000 m,河道内有底宽各120 m的两条深槽。

1.4.3.3 河口防潮闸

1967年在独流减河入海口修建的工农兵防潮闸有22个过流闸孔,单孔宽10 m,其中中间18孔闸底高程−2.93 m,两侧边孔闸底高程−1.93 m,最外侧两个边孔闸底高程0.27 m,当时闸上设计水位为2.73 m,设计流量为3 200 m³/s。

1993年对防潮闸进行了除险改建,于1994年10月底竣工,设计流量为3 200 m³/s时,相应闸上、闸下水位分别为3.75 m和3.35 m;校核流量为3 200 m³/s时,相应闸上、闸下水位分别为3.85 m和3.55 m。除险改建后的防潮闸为开敞式26孔闸(其中22孔过流、4孔非过流),单孔净宽9.8 m,中间18孔为宽顶堰,堰顶高程−2.80 m、闸底板高程−3.38 m;中边孔(2孔)和外边孔(2孔)堰顶高程与底板高程相同,分别为−2.35 m和−0.18 m。规划确定采用抬高防潮闸设计运用水位来满足泄洪设计流量,当泄洪流量为 3 600 m³/s 时,防潮闸闸上、闸下的水位为 3.81 m 和 3.42 m,分别比原设计水位高 0.06 m 和 0.07 m,见图 1.4。

图 1.4　独流减河防潮闸

1.4.3.4　独流减河口清淤工程

防潮闸以下为独流减河尾渠,长 2 km,底宽 260~50 m。满足 3 600 m³/s 设计流量的闸下清淤长度为 1 000 m,清淤宽度为 200~150 m,清淤底高程 −2.60 m。结合防潮闸下规划滩面高程,河口闸下年清淤量为 53.06 万 m³。防潮闸上游河道底高程 −2.80 m,与防潮闸底板高程一致。

1.4.3.5　独流减河口附近海岸海挡

独流减河口附近海域海挡(即海堤)为天津海堤的一部分。天津海堤北起与河北省交界处的涧河口,南至大港区北排河入海口北堤,全长约 140 km。天津市海挡自修建以来,由于建设的规划、设计、施工标准非常不统一,虽经多年维修加固,但海挡质量标准仍然很低。特别是经过 1992 年、1996 年和 1997 年几次大的风暴潮后,堤防破损严重,使防潮能力不足"5 年到 10 年一遇"。为解决这一难题,从 1996 年开始对海挡进行加固治理,远期确定的治理目标为

"50 年到 100 年一遇"标准,于 2010 年全部完成。

1.4.4 河口相关规划

天津南港工业区位于天津滨海新区大港独流减河入海口南侧滩涂浅海区,总规划面积为 220 km²。南港工业区临近天津港、天津经济技术开发区和天津港保税区,具备独有的区位、产业、资源和组织等多方面优势。它将着力打造以世界级重化工业为核心的持续竞争的工业复合体,重点发展航空航天、电子信息、石油化工、装备制造和高新技术产业,成为特色突出的现代制造业集群和我国自主创新的领航区。南港工业区将形成"一区:南港工业区;一带:绿化隔离带;四园:码头仓储现代物流园、现代石油化工园、装备制造园、循环经济公用工程园"的整体空间布局。

南港工业区将依托中石化、中石油等大企业实施龙头带动战略,由上游向中、下游产业延伸,重点发展石化、一碳化工、能源综合利用三条循环经济产业链,建设现代化生态石化产业区,同时发挥对周边地区产业延伸和龙头带动作用。南港工业区将按照世界级大型化工区公用工程岛理念,通过对区内产品项目、公用辅助、物流传输、环境保护和管理服务的整合,最终建成国际化"一站式"工业区。同时,南港工业区还将转移和承载天津北港区港口运输职能,形成天津港口发展的新集聚点,打造北方国际航运节点。南港工业区内部物质与能量也将建立循环关联系统,形成"资源—产品—再生资源"反馈式经济流程,打造国家级的循环经济示范区。

1.5 本章小结

(1) 海河干流历史上是海河流域南运河、子牙河、大清河、永定河、北运河等五河汇流入海尾闾,全长 105.14 km。永定新河是 1971 年人工开挖的河道,从天津市北辰区屈家店起至塘沽区北塘镇入海口止,全长 66 km。独流减河始挖于 1953 年,该人工河是承接大清河洪水经东淀分流入海的泄流工程,为大清河系的主要入海尾闾,其左堤是保卫天津市城市防洪安全的南部防线,全长 67 km。

(2) 海河流域主要入海河流(海河、永定新河和独流减河)近几十年来入海径流及泥沙呈逐年减少的趋势。

(3) 三河口均形成了防潮闸和闸下通道的防洪系统,海河口、永定新河口和独流减河口防潮闸设计行洪流量分别为 800 m³/s、4 640 m³/s

和 3 600 m³/s。

（4）海河口现有 3 个出海口,分别为新港船闸、海河防潮闸和渔船闸。新港船闸出海口建设有天津港北疆港区和天津港主航道等工程;海河防潮闸出海口建设有天津港南疆港区和大沽沙航道;海河防潮闸出海口右岸规划建设有天津临港经济区。永定新河口左岸为天津滨海旅游区,右岸为北塘经济区、天津港东疆港区。独流减河入海口南侧滩涂浅海区规划建设有天津南港工业区。

第 2 章

气象

渤海湾地处半湿润大陆性季风型气候区,该地区主要特点是四季分明,春季干旱多风,夏季炎热多雨,秋季晴朗气爽,冬季寒冷干燥少雪。渤海湾的陆上气象观测站点主要是静海气象站和塘沽气象站,位置见图2.1。

图 2.1　渤海湾海域气象水文观测站点位置示意图

根据静海气象站 33 年(1971—2003 年)、塘沽气象站 30 年(1971—2000 年)资料统计得出的气象特征值见表 2.1(注:表中项目为平均值时,"全年"一栏中的数据为实测资料系列的平均值,项目为最大或最低值时则给出了相应资料系列的实测极值)。统计资料表明,两个气象站的平均降水量比较接近,年内分布同样严重不均。

静海气象站、塘沽气象站多年平均降水量和水面蒸发量分别为 552.1 mm、566.1 mm 和 1 848.7 mm、1 949.1 mm,两站每年 6—9 月降水量占各自全年降水量的 78.4% 和 79.9%,6—9 月最大年降水量分别为 1 188.2 mm(1977 年)和 941.5 mm(1977 年),6—9 月最小年降水量分别为 307.3 mm(1999 年)和 299.9 mm(1989 年),历史记录最大一日降水量分别为 245.4 mm 和 191.5 mm。

表 2.1　工程区附近气象站气象特征表

气象站		1月	2月	3月	4月	5月	6月	7月	8月	9月	10月	11月	12月	全年
平均降水量 (mm)	静海站	3.5	5	8.2	19.4	39.5	75.7	174.6	134.1	48.5	28.5	11	4.1	552.1
	塘沽站	3.4	3.4	7.6	20.5	39.2	72.9	179.9	152.4	47	24.6	10.7	4.5	566.1
最大一日降水量 (mm)	静海站	12.8	22	29.9	57.4	123	124.1	187.6	245.4	110.3	134.3	18.4	9.4	245.4
	塘沽站	12.8	12.9	17.3	43.3	47.4	121.3	191.5	184.3	97.2	54.9	23	15.6	191.5
平均蒸发量 (mm)	静海站	43	63.8	138.6	238.3	285.1	279.1	214.7	181.4	164.5	128.1	69.7	42.4	1 848.7
	塘沽站	51.8	66.4	129.7	223	282.1	268	223.3	208.6	197.4	151.9	86.2	57.7	1 949.1
平均气温 (℃)	静海站	−3.9	−0.8	5.8	14.2	20.2	24.7	26.6	25.5	20.6	13.6	4.8	−1.6	12.5
	塘沽站	−3.3	−0.8	5.2	13.2	19.2	23.9	26.5	26.1	21.7	14.7	5.9	−0.8	12.6
最高气温 (℃)	静海站	14.7	20.8	29.9	33.4	38.6	39.9	41.6	37.4	35.6	31.1	22.8	14.6	41.6
	塘沽站	10.5	17.1	23.5	32.5	36.9	38.5	40.9	37.4	34	31	20.9	14	40.9
最低气温 (℃)	静海站	−19.9	−19.9	−19.6	−3.5	3.6	9.6	14.9	13.1	5.4	−2.7	−10.3	−19.1	−19.9
	塘沽站	−15.4	−13.3	−12.8	−0.1	6.4	10.4	17.4	15.3	8	−0.2	−8.4	−14.3	−15.4
平均风速 (m/s)	静海站	2.3	2.7	3.2	3.7	3.4	3.1	2.5	2.1	2.3	2.4	2.4	2.3	2.7
	塘沽站	3.8	4.2	4.7	5.3	5.2	4.7	4.1	3.7	3.8	4	4	3.9	4.3
最大风速 (m/s)	静海站	16.3	17	20	18	18	18.3	16.7	17	14	17	17	22	22
	塘沽站	27	21.3	25	27	22.7	26.5	22.7	20	20.3	20	20.3	20	27
相应风向	静海站	N,NNW	NNW	NNW	ESE	NNE	NE	WNW	NW	N	NNW	NNW	NNW	NNW
	塘沽站	WNW	NNW	WNW	WNW	NE	E	ENE	WSW	NW	NNW	NW	NW,WNW	WNW

静海气象站多年月平均气温 3—7 月略高于塘沽气象站、8 月—次年 1 月则低于塘沽气象站,静海气象站的全年平均气温(12.5℃)略低于塘沽气象站(12.6℃),静海气象站的极端最高气温 41.6℃(7 月)高于塘沽气象站的 40.9℃(7 月),静海气象站的极端最低气温−19.9℃(2 月)低于塘沽气象站的−15.4℃(1 月);除去 12 月的最大风速,静海气象站的逐月平均风速和最大风速分别为 2.7 m/s 和 22 m/s(12 月),均明显对应地小于塘沽气象站的 4.3 m/s 和 27 m/s(1 月和 4 月)。独流减河地区的常风向为 NNW。塘沽气象站记载的最大冻土深度为 59 cm,最大积雪厚度为 26 cm。

第 3 章

风浪特性

3.1 风况

风是气象要素中一个相对不稳定的因素,观测资料的年际统计值有一定差异。本项实测风资料主要来自大清河盐场站、汉沽气象站、塘沽气象站、新港灯船站、新港灯塔站、天津港东突堤和塘沽海洋站(7#平台),位置示意见图 2.1。

3.1.1 大清河盐场站

本书收集了曹妃甸港区附近大清河盐场站(靠近捞渔尖)1983—2003 年共 21 年的测风资料。该测站多年每日最大风速风向的统计结果见图 3.1 和表 3.1,可见每日最大风多出现在 S 向和 E 向,各级风出现的累积频率分别为 14.28% 和 8.39%。6 级及以上风出现的方向除 S 向较为突出外,出现频率较高的相对集中于 E~NE 向。

通过统计 1983—2003 年每日平均风速,进而得每年平均风速,如图 3.2 所示。多年平均风速为 4.1 m/s,相当于 3 级风(3.4~5.4 m/s);1987 年为强风年,平均风速为 4.65 m/s,1992 年为弱风年,平均风速最小,为 3.51 m/s。1993—1995 年测波期间的年平均风速小于多年平均值,2000 年以来的年平均风速接近多年平均水平。

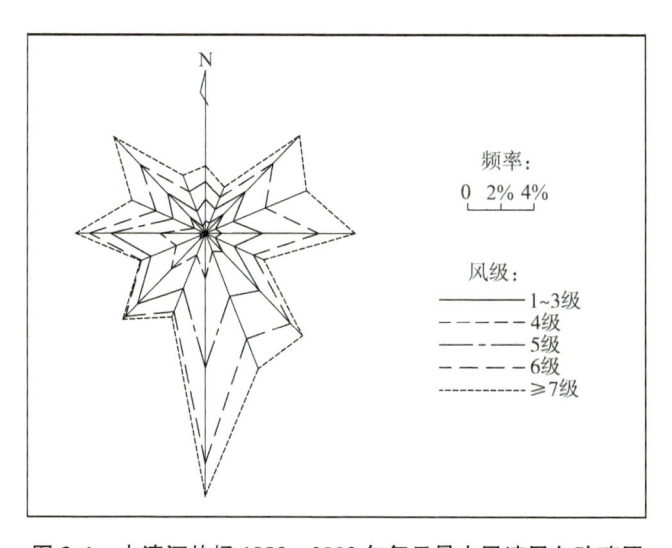

图 3.1 大清河盐场 1983—2003 年每日最大风速风向玫瑰图

表 3.1　大清河盐场 1983—2003 年每日最大风速风向频率统计表　　单位：%

风向	分级风速(m/s)					累积频率
	1～3级 0.3～5.4	4级 5.5～7.8	5级 7.9～10.7	6级 10.8～13.8	6级以上 ≥13.9	
N	0.14	0.53	1.18	0.98	0.86	3.68
NNE	0.03	0.58	0.80	0.71	0.62	2.74
NE	0.14	1.29	1.73	2.21	2.13	7.50
ENE	0.07	0.55	1.07	1.94	2.49	6.12
E	0.08	0.83	2.30	3.15	2.02	8.39
ESE	0.04	0.57	1.16	1.18	0.64	3.58
SE	0.06	1.33	2.95	2.50	0.97	7.80
SSE	0.11	0.95	2.62	2.52	1.74	7.94
S	0.19	2.26	4.86	5.20	1.77	14.28
SSW	0.12	1.16	1.96	1.36	0.30	4.91
SW	0.46	2.27	2.67	0.95	0.22	6.57
WSW	0.24	1.54	1.52	0.58	0.06	3.93
W	0.36	2.19	2.77	1.19	0.79	7.29
WNW	0.07	0.61	1.31	1.05	1.45	4.50
NW	0.14	1.07	1.84	2.17	2.13	7.35
NNW	0.10	0.29	0.89	1.18	0.97	3.42
合计	2.34	18.00	31.62	28.88	19.16	100

注：表中数据因四舍五入稍有误差。

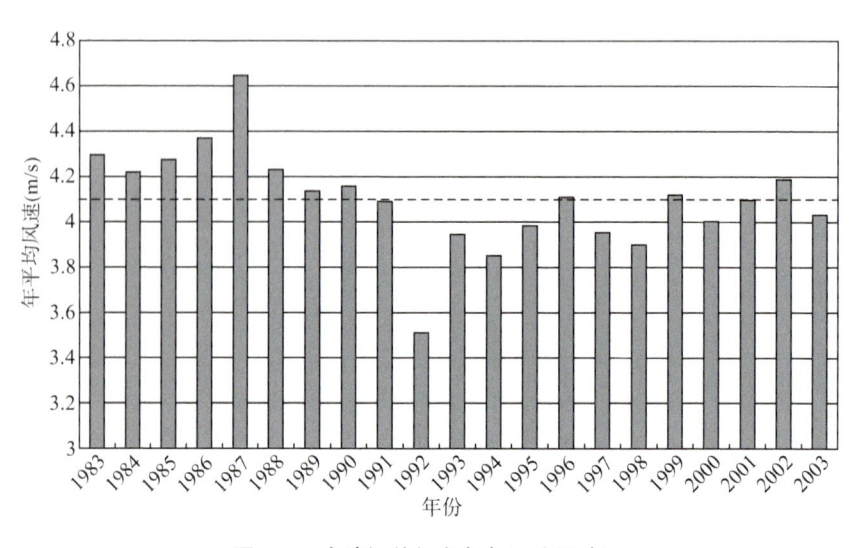

图 3.2　大清河盐场多年年平均风速图

3.1.2 汉沽气象站

华北院对北疆电厂西侧约 15 km 的天津市汉沽气象站的风频风向进行了统计,该区 1994—2003 年累年夏季、冬季、全年各风向频率统计资料见表 3.2,图 3.3 为相应的风向玫瑰图。从图表中可见,该地区夏季主导风向为 SSE 向,冬季主导风向为 NW 向,全年主导风向为 SSE 向。

表 3.2　汉沽气象站累年夏季、冬季、全年各风向频率　　　单位:%

	N	NNE	NE	ENE	E	ESE	SE	SSE	S	SSW	SW	WSW	W	WNW	NW	NNW	C
夏季风	3	3	3	6	5	9	10	15	10	6	7	5	3	3	3	4	4
冬季风	4	3	2	4	4	3	6	5	5	7	7	6	7	12	10	10	
全年风	3	4	2	6	5	6	5	11	7	8	7	7	4	6	6	8	5

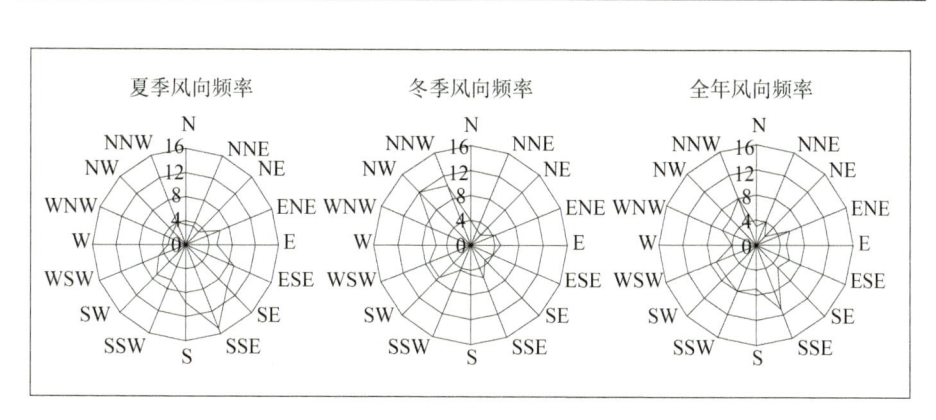

图 3.3　天津市汉沽气象站 1994—2003 年风向玫瑰图(单位:%)

3.1.3 塘沽气象站

收集了塘沽气象站(测风点距地面高度 12.3 m)1970—1999 年 30 年间每年各风向最大风速(10 min 平均)状况。塘沽气象站 1970—1999 年每年各风向出现频率统计结果如表 3.3 所示,相应玫瑰图见图 3.4。从图表中可看出,该站出现频率最高的方向(即常风向)是 NW 向,年均出现频率为 7.94%,次常风向为 SE 向,年均出现频率为 7.67%。总体而言,该站多年风向在 WSW~SE 向上分布得较为均匀。

表 3.3 塘沽气象站 1970—1999 年每年各风向出现频率统计表

单位:%

	N	NNE	NE	ENE	E	ESE	SE	SSE	S	SSW	SW	WSW	W	WNW	NW	NNW	C
1970	4	2	4	6	9	7	9	8	7	5	8	7	6	4	5	7	3
1971	3	2	2	4	7	6	6	7	8	8	7	9	5	5	6	11	4
1972	3	3	3	6	6	8	6	8	6	9	6	9	4	6	5	8	5
1973	4	3	3	7	6	8	5	7	5	7	7	8	6	5	6	7	5
1974	3	4	2	7	7	7	6	7	6	8	7	6	5	5	5	9	5
1975	3	3	4	7	6	5	9	6	7	7	8	6	5	4	8	6	6
1976	3	2	3	8	6	8	9	5	7	6	8	6	5	3	9	6	4
1977	3	3	4	10	8	5	9	6	7	6	8	5	5	4	8	5	5
1978	3	3	5	9	5	8	6	7	5	8	7	7	6	5	7	4	5
1979	3	4	6	8	5	6	5	7	4	7	9	8	6	5	7	4	6
1980	3	3	4	7	7	5	8	6	7	8	9	7	5	7	9	3	5
1981	2	3	4	9	6	4	8	5	6	7	10	6	6	3	8	4	5
1982	4	2	5	6	10	6	9	5	7	7	10	7	5	4	7	3	5
1983	2	2	2	6	8	5	7	8	9	7	9	10	4	4	10	3	2
1984	3	3	2	5	6	6	6	11	7	7	6	10	4	6	10	6	3
1985	3	3	4	8	8	7	7	9	7	6	5	7	3	4	10	5	3
1986	3	2	3	8	6	5	7	8	6	8	6	9	3	5	9	8	3

续表

	N	NNE	NE	ENE	E	ESE	SE	SSE	S	SSW	SW	WSW	W	WNW	NW	NNW	C
1987	3	4	3	6	7	6	8	11	6	9	5	9	3	4	7	5	4
1988	3	3	3	4	6	6	7	9	7	8	6	10	4	6	11	5	4
1989	3	3	4	6	7	3	8	7	8	8	6	9	4	3	10	6	5
1990	4	2	6	4	10	4	7	8	9	7	6	6	6	4	8	3	6
1991	3	2	6	4	8	3	10	5	9	7	9	5	3	7	8	4	5
1992	3	3	5	6	6	4	7	7	8	8	8	7	3	7	10	3	5
1993	3	3	5	7	6	5	8	8	4	8	11	5	4	10	6	2	5
1994	2	3	7	5	7	6	9	7	7	5	7	6	3	5	10	3	7
1995	3	2	3	2	4	3	8	7	11	5	7	7	9	5	12	6	7
1996	3	2	2	4	5	7	7	8	5	4	5	8	5	3	9	6	17
1997	6	1	3	2	9	3	11	1	6	2	9	2	11	2	9	2	21
1998	5	2	4	5	8	5	10	4	7	8	7	4	8	3	5	2	13
1999	3	3	4	5	12	6	8	5	5	7	6	6	6	5	4	5	11

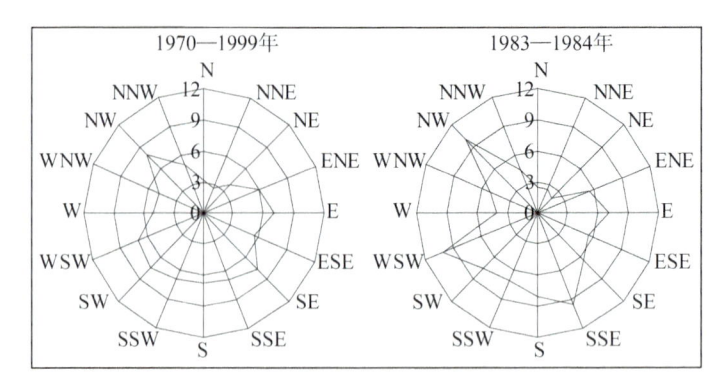

图 3.4　塘沽气象站风向玫瑰图(单位:%)

3.1.4　新港灯船站

新港灯船站(位于独流减河闸东北 36.7 km、东突堤东南东约 12.5 km、海图 6 m 等深线附近，靠近大沽灯塔)1960—1969 年的连续风观测资料统计结果如图 3.5 和表 3.4 所示。统计结果表明，常风向为 SW 向，累积出现频率为12.41%，次常风向为 SE 向，频率为 12.00%；强风向为 NW 向，其中 5 级风及以上的累积出现频率为 3.22%，6 级风及以上的累积出现频率为 1.71%，次强风向为 E 向，其中 5 级风及以上的累积出现频率为 2.84%，6 级风及以上的累积出现频率为 1.15%。该站多年平均风速(频率加权)为 5.33 m/s。

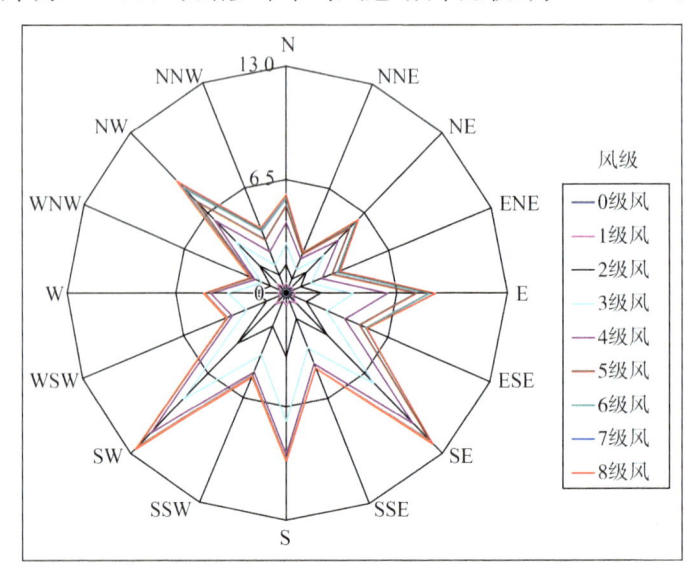

图 3.5　天津新港灯船站(1960—1969 年)风玫瑰图(单位:%)

第3章 风浪特性

表 3.4 新港灯船站 1960—1969 年风频率统计表

单位：%

风向	0级 <0.3	1级 0.3~1.5	2级 1.6~3.3	3级 3.4~5.4	4级 5.5~7.9	5级 8.0~10.7	6级 10.8~13.8	7级 13.9~17.1	8级 17.2~20.7	9级 20.8~24.4	10级 24.5~28.4	10级以上 >28.5	累积频率
N		0.33	1.12	1.20	1.22	0.93	0.43	0.19	0.04				5.46
NNE		0.13	0.52	0.64	0.67	0.27	0.10	0.02					2.35
NE		0.28	1.19	1.43	1.23	0.96	0.52	0.15	0.04				5.80
ENE		0.16	0.54	0.64	0.70	0.63	0.36	0.11	0.04				3.20
E	0.01	0.29	1.53	1.88	2.04	1.70	0.75	0.34	0.05				8.59
ESE	0.01	0.20	0.87	1.31	1.15	0.94	0.40	0.05	0.01	0.01			4.92
SE		0.61	2.59	3.86	3.27	1.43	0.20	0.04	0.01				12.00
SSE		0.24	1.14	1.78	0.96	0.27							4.39
S	0.01	0.49	2.95	3.70	1.86	0.34	0.05	0.01					9.42
SSW	0.01	0.25	1.59	1.74	1.06	0.25	0.07						4.98
SW		0.66	3.22	4.45	2.76	1.15	0.16	0.01					12.41

续表

风向	0级 <0.3	1级 0.3~1.5	2级 1.6~3.3	3级 3.4~5.4	4级 5.5~7.9	5级 8.0~10.7	6级 10.8~13.8	7级 13.9~17.1	8级 17.2~20.7	9级 20.8~24.4	10级 24.5~28.4	10级以上 >28.5	累积频率
WSW		0.19	0.85	1.30	0.88	0.31	0.04						3.58
W	0.01	0.23	1.46	1.51	1.00	0.36	0.07						4.64
WNW		0.17	0.62	0.60	0.42	0.19	0.06	0.02	0.01				2.10
NW		0.55	1.49	1.92	1.77	1.50	1.09	0.44	0.16	0.01			8.94
NNW		0.21	0.68	0.67	0.83	0.70	0.57	0.14	0.05				3.85
C	3.32	0.01	0.02	0.01									3.37
累积频率	3.37	5.00	22.37	28.66	21.82	11.92	4.89	1.54	0.41	0.02		0.01	100

3.1.5 新港灯塔站

新港灯塔站(位于海河口外－10 m 等深线附近),曾于 1983 年 5 月—1984 年 5 月进行了为期一年的风和波浪观测。新港灯塔站 1983 年 5 月—1984 年 5 月实测风玫瑰图见图 3.6,主要风向风速频率统计结果见表 3.5。统计结果显示,该测站常风向为 S 向,年出现频率为 10.09%,次常风向为 SSE 向,频率为 9.05%;强风向为 NW 向,年出现频率为 5.78%。由统计资料可知,3 级风出现的频率最高,为 22.48%,其次为 5 级风,频率为 20.84%,2 级风到 6 级风的累积频率为 89.18%。全年平均风速(频率加权)为 6.88 m/s。

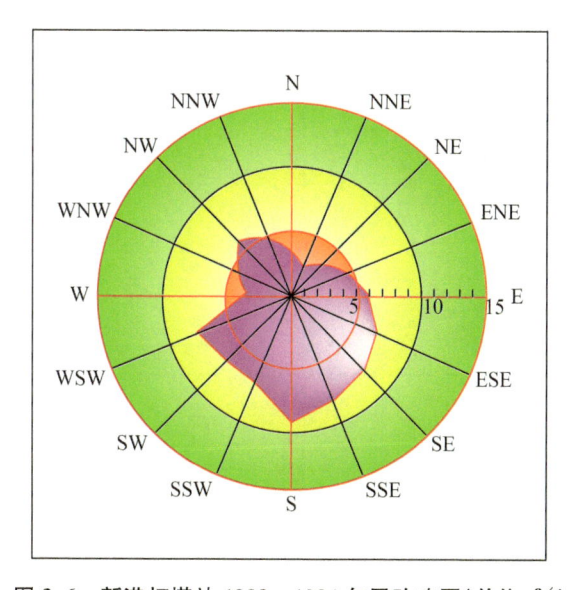

图 3.6 新港灯塔站 1983—1984 年风玫瑰图(单位:%)

3.1.6 天津港东突堤观测站

中交一航院曾统计天津港东突堤观测站(滨海旅游区正南约 12 km、独流减河防潮闸东北北约 30.1 km)1996—2005 年 10 年间每日 24 次的风速、风向观测资料。统计结果表明,港区常风向为 S 向,次常风向为 E 向,出现频率分别为 9.89% 和 9.21%。强风向为 E 向,次强风向为 ENE 向,6 级及以上风的出现频率总和为 3.34%。天津港东突堤观测站 1996—2005 年的连续风观测资料统计结果见图 3.7 和表 3.6。

表 3.5　新港灯塔站 1983—1984 年风速频率统计表

风级		0 级	1 级	2 级	3 级	4 级	5 级	6 级	7 级	8 级	9 级	10 级	10 级以上	累积频率
风速 (m/s)		<0.3	0.3~1.5	1.6~3.3	3.4~5.4	5.5~7.9	8.0~10.7	10.8~13.8	13.9~17.1	17.2~20.7	20.8~24.4	24.5~28.4	>28.5	
沿岸	频率(%)	0	0.66	6.09	9.05	7.34	7.12	2.89	0.65	0.14	0	0	0	33.94
	平均风速(m/s)	0	1	2.53	4.37	6.38	8.93	11.63	15.06	18	0	0	0	
向岸	频率(%)	0	0.22	6.45	7.49	7.57	8.59	3.64	1.78	0.07	0	0	0	35.81
	平均风速(m/s)	0	1	2.71	4.43	6.42	8.81	11.87	14.86	18	0	0	0	
离岸	频率(%)	0	0.52	3.95	5.95	4.97	5.13	2.96	2	1.11	0.15	0.07	0	26.81
	平均风速(m/s)	0	1	2.58	4.48	6.49	9.07	11.53	15.07	19.21	21.5	25	0	
合计	累积频率(%)	0	1.4	16.49	22.48	19.88	20.84	9.49	4.43	1.32	0.15	0.07	0	96.55
	平均风速(m/s)	0	1.0	2.61	4.43	6.43	8.94	11.68	15.00	18.40	21.5	25	0	

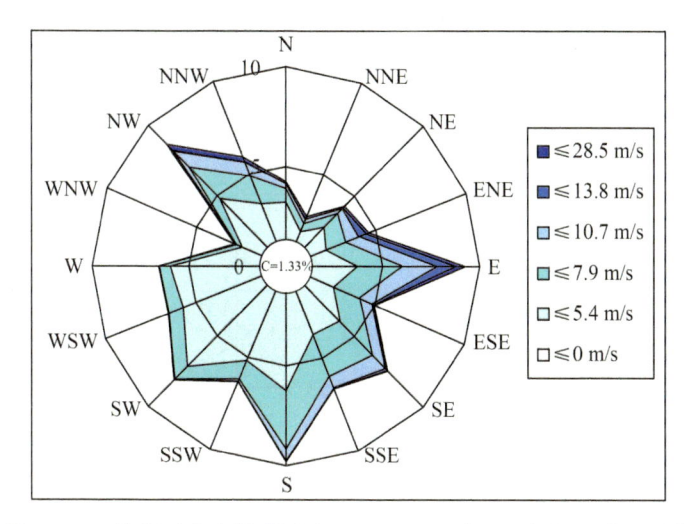

图 3.7 天津新港东突堤观测站(1996—2005 年)风玫瑰图(单位:%)

表 3.6 天津港东突堤观测站 1996—2005 年风频率统计表　　　　单位:%

风向	分级风速						累积频率
	3级及以下	4级	5级	6级	7级	8级及以上	
	0.3~5.4 m/s	5.5~7.9 m/s	8.0~10.7 m/s	10.8~13.8 m/s	13.9~17.1 m/s	≥17.2 m/s	
N	3.20	0.68	0.25	0.09	0.01		4.23
NNE	1.86	0.44	0.24	0.10	0.03		2.67
NE	2.78	0.93	0.37	0.13	0.02	0.01	4.25
ENE	2.22	1.10	0.74	0.32	0.09	0.02	4.48
E	3.74	2.33	1.80	1.01	0.28	0.04	9.21
ESE	2.71	1.44	0.66	0.15	0.02		4.97
SE	4.01	2.35	0.96	0.12			7.43
SSE	3.71	2.25	0.64	0.04			6.64
S	6.30	2.97	0.55	0.06			9.89
SSW	5.20	0.98	0.14	0.01			6.33
SW	7.16	0.90	0.07				8.14
WSW	5.72	0.71	0.07	0.01			6.51
W	5.96	0.53	0.04				6.53
WNW	2.41	0.28	0.05	0.01			2.75

续表

风向	分级风速						累积频率
	3级及以下 0.3～5.4 m/s	4级 5.5～7.9 m/s	5级 8.0～10.7 m/s	6级 10.8～13.8 m/s	7级 13.9～17.1 m/s	8级及以上 ≥17.2 m/s	
NW	4.80	2.23	1.21	0.41	0.05		8.69
NNW	3.39	1.48	0.76	0.24	0.05		5.94
C	1.33						1.33
累积频率	66.52	21.60	8.53	2.69	0.57	0.08	100

注：表中数据因四舍五入稍有误差。

天津港东突堤观测站位于新港灯船站西侧（略偏北）约 15 km 处，且在码头上。上述两个测站不同时期实测风统计资料的分析结果有些差异，除了因为观测站位置不同，还与风的年际变化有关。但两次统计资料均表明，工程区海域的常风和次常风风向主要在 E～S 向之间，强风向主要分布在偏东的方向。

3.1.7 塘沽海洋站(7#平台)

塘沽海洋站(7#平台)1973—1984 年实测风频率统计结果见图 3.8。由图可见，该站附近海域多年常风向为 ESE 向，年频率为 10.49%，次常风向为 SSW 向、ENE 向和 E 向，年频率分别为 8.64%、8.56% 和 8.55%。强风向为 NE 向、NNE 向和 N 向，年频率依次为 6.02%、5.08% 和 3.64%。

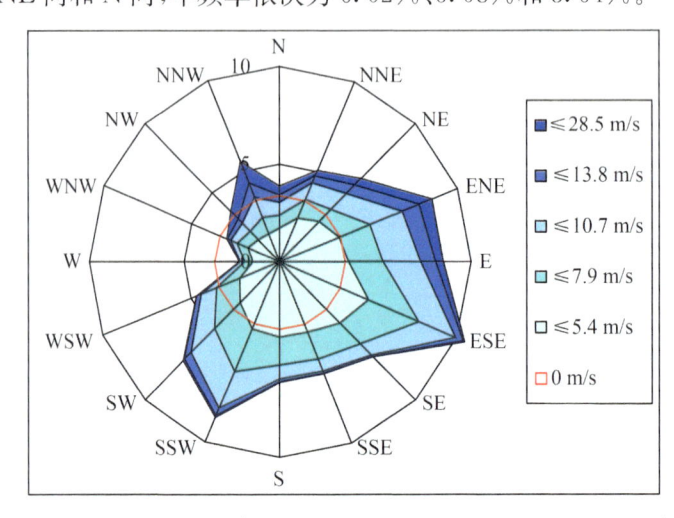

图 3.8 塘沽海洋站(7#平台)(1973—1984 年)风玫瑰图(单位：%)

3.2 重现期风速

3.2.1 塘沽气象站风速资料分析

塘沽气象站 1970—1999 年 30 年的历年各方向最大风速(10 min 平均)资料见表 3.7。用皮尔逊Ⅲ型曲线拟合该站 SSE 向极值风速推求不同重现期风速,见表 3.8,其 50 年一遇的极值风速为 18.5 m/s,相当于海上八级大风。

3.2.2 塘沽海洋站风速资料分析

国家海洋局北海预报中心于 2005 年针对曹妃甸水域风浪时对塘沽海洋站 1980—2004 年各方向(左右各 22.5°的范围内选取)的年大风极值序列开展研究,利用皮尔逊Ⅲ型曲线拟合分别计算出塘沽站 8 个方向(N、NE、E、SE、S、SW、W、NW)多年一遇极值,结果列于表 3.9 中。

3.2.3 大港气象站风速资料分析

大港气象站位于天津南港工业区陆上大港区,距离海岸线约 15 km。大港气象站风速感应器海拔高度为 12.2 m。根据大港气象站 1988—2010 年的分方向年极值风速统计,测站 23 年间观测到的最大风速为 22 m/s,出现在 1993 年 4 月 9 日,为 NNW 向;N~NE~E 向观测到的最大风速在 17~20 m/s 之间。

采用皮尔逊Ⅲ型曲线拟合分析不同方向和重现期的风速。分别对 N、NE、E、SE、S、SW、W、NW 8 个方向的风速进行分析,每个方向的年极值风速分别考虑左、右各一个方向值。不同方向和重现期的风速分析结果列于表 3.10 中。

3.2.4 A 平台气象站风速资料分析

渤海 A 平台气象站位于渤海湾内,距离黄骅港约 50 km 的海上,A 平台风速感应器海拔高度为 36.8 m。根据测站 1988—2010 年 16 个方向的年极值风速统计,测站 23 年间观测到的最大风速为 30 m/s,出现在 2003 年 10 月 12 日,为 NNE 向;次大值是 28.0 m/s,为 NE 向和 N 向,分别出现在 2003 年 10 月 11 日的大风天气和 1997 年 8 月 20 日的 9711 号台风期间;此外,1992 年 9 月 1 日(9216 号台风期间)也出现了 25 m/s 的大风,为 ENE 向。

表 3.7 塘沽气象站 1970—1999 年每年各方向最大风速状况（10 min 平均）

单位：m/s

	N	NNE	NE	ENE	E	ESE	SE	SSE	S	SSW	SW	WSW	W	WNW	NW	NNW
1970	8	10	16	13	15	12	12	11	8	9	13	10	10	9	18	16
1971	15	9	10	14	25	14	12	9	10	10	12	15	9	11	15	16
1972	11	7	14	15	18	17	11	12	15	15	11	15	12	17	16	19
1973	11	12	10	13	15	13	12	8	7	11	12	14	11	11	16	13
1974	12	7	10	14	15	11	10	8	8	9	12	10	13	10	14	14
1975	7	9	12	12	12	10	12	9	7	10	12	11	10	15	14	14
1976	7	7	12	14	11	14	8	12	8	9	12	10	12	15	18	13
1977	9	12	10	14	12	13	9	9	8	10	11	12	12	13	15	15
1978	9	11	13	15	13	11	9	7	12	10	12	25	12	15	15	10
1979	10	10	14	15	11	10	8	8	9	12	14	9	10	16	15	9
1980	10	7	10	13	10	8	9	9	10	12	12	17	13	17	18	10
1981	6	8	10	16	14	9	7	8	8	11	11	9	16	16	17	8
1982	8	10	11	16	14	8	8	7	8	13	10	10	9	15	15	10
1983	10	10	13	15	18	12	8	7	8	10	10	10	12	12	20	20
1984	12	8	15	20	19	11	9	10	14	8	10	12	8	15	20	17

续表

	N	NNE	NE	ENE	E	ESE	SE	SSE	S	SSW	SW	WSW	W	WNW	NW	NNW
1985	10	12	18	16	12	10	9	11	8	9	10	7	7	11	22	16
1986	11	9	14	13	15	10	11	10	8	12	10	10	8	12	20	15
1987	11	13	12	21	15	11	11	12	8	10	9	9	13	13	18	15
1988	9	12	15	17	13	13	9	8	8	7	8	9	8	13	20	15
1989	9	12	11	14	12	11	9	11	9	12	14	9	8	10	16	12
1990	9	12	14	16	14	10	10	10	8	9	9	10	13	15	15	17
1991	13	13	17	11	12	8	8	8	10	8	10	10	9	14	14	15
1992	9	17	13	15	13	10	9	9	8	10	10	10	12	14	13	10
1993	17	13	12	13	9	8	8	8	9	11	12	8	11	18	19	7
1994	9	13	11	10	9	8	8	8	8	9	10	8	15	18	15	9
1995	7	9	10	12	7	10	8	8	10	7	8	8	8	11	18	14
1996	13	8	8	10	10	11	10	8	7	5	10	9	7	11	15	16
1997	13	7	8	8	10	10	8	4	7	5	7	4	10	5	12	7
1998	9	7	7	8	10	9	7	6	6	7	7	5	6	8	9	9
1999	6	11	6	7	12	9	9	7	6	5	5	8	6	9	9	9

表 3.8　塘沽气象站 SSE 向不同重现期极值风速

重现期(年)	2	5	10	25	50
SSE 向风速/(m/s)	12.5	15.7	16.0	17.5	18.5

表 3.9　塘沽海洋站 8 个方向不同重现期极值风速(1980—2004 年)　单位:m/s

	N	NE	E	SE	S	SW	W	NW
100 年	34.1	31.6	28.3	25.0	25.8	27.0	25.9	33.9
50 年	31.1	29.2	26.9	23.3	23.9	24.9	24.0	31.0
25 年	28.6	26.9	25.2	21.5	21.8	22.3	21.5	28.5
10 年	24.1	23.5	22.7	18.5	18.9	18.5	18.1	24.0
5 年	21.0	20.9	20.3	16.7	16.5	16.0	15.5	20.9
2 年	16.2	17.0	16.9	13.9	13.5	12.5	12.3	16.3

表 3.10　大港气象站 8 个方向不同重现期极值风速(1988—2010 年)　单位:m/s

	N	NE	E	SE	S	SW	W	NW
200 年	26.5	25.2	23.9	18.6	17.1	18.2	19.4	25.5
100 年	25.1	23.8	22.7	17.7	16.2	17.2	18.1	24.2
50 年	23.6	22.4	21.5	16.8	15.2	16.2	16.7	22.8
25 年	22.0	20.8	20.1	15.8	14.2	15.1	15.3	21.2
10 年	19.5	18.5	18.2	14.3	12.6	13.4	13.2	18.9
5 年	17.4	16.5	16.4	13.0	11.3	11.9	11.4	16.9
2 年	13.5	12.8	13.2	10.8	8.8	9.2	8.5	13.2

A 平台气象站位于渤海湾海域,测站观测到的风速不受陆域地形、建筑物等因素的影响,观测到的各个方向的风速对该海域的代表性较好。根据 A 平台 1988—2010 年的分方向年极值风速统计,采用皮尔逊Ⅲ型曲线拟合可以分析不同方向的重现期风速值。本书分别对 N、NE、E、SE、S、SW、W、NW 8 个方向的风速进行分析,其中每个方向的年极值风速分别考虑左、右各一个方向值。分析得出的不同方向和重现期的风速结果列于表 3.11 中。表中分别给出了 8 个方向不同重现期的风速值。这些方向的风速频率拟合曲线见图 3.9~图 3.16。

表 3.11　A 平台气象站 8 个方向不同重现期极值风速(1988—2010)　单位:m/s

	N	NE	E	SE	S	SW	W	NW
200 年	36.0	37.0	29.9	31.5	25.4	25.4	29.4	30.7
100 年	34.2	35.0	28.4	28.8	23.9	23.9	27.4	29.6
50 年	32.4	33.0	26.9	26.2	22.3	22.3	25.4	28.4
25 年	30.5	30.8	25.4	23.6	20.7	20.7	23.3	27.2
10 年	27.8	27.8	23.3	20.0	18.8	18.6	20.6	25.4
5 年	25.7	25.4	21.7	17.4	17.0	17.0	18.4	23.9
2 年	22.3	21.9	19.2	13.8	14.7	14.7	15.4	21.4

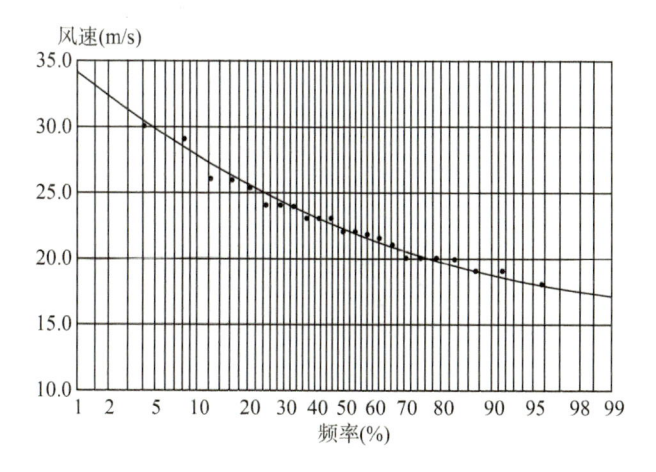

图 3.9　A 平台 N 向风速频率曲线

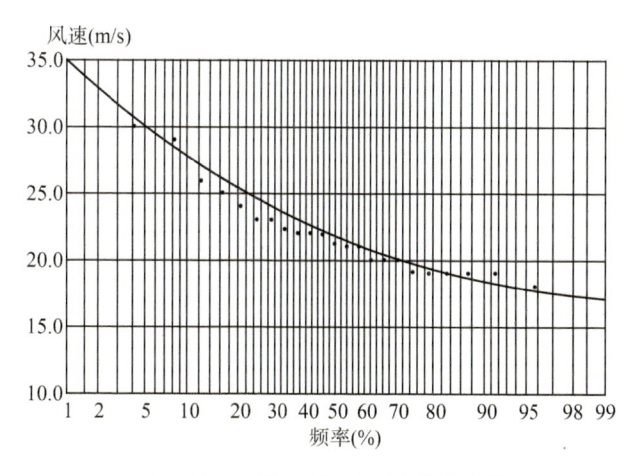

图 3.10　A 平台 NE 向风速频率曲线

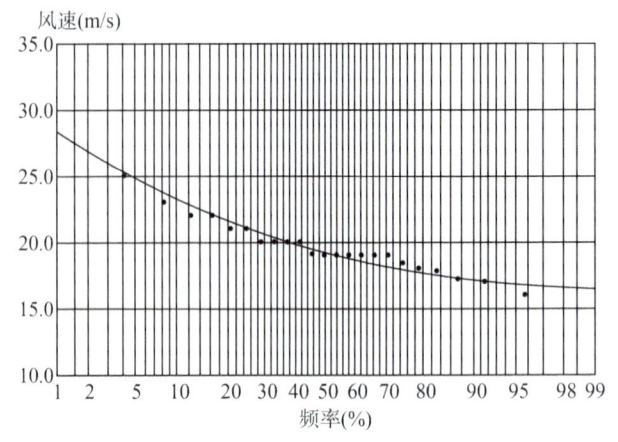

图 3.11　A 平台 E 向风速频率曲线

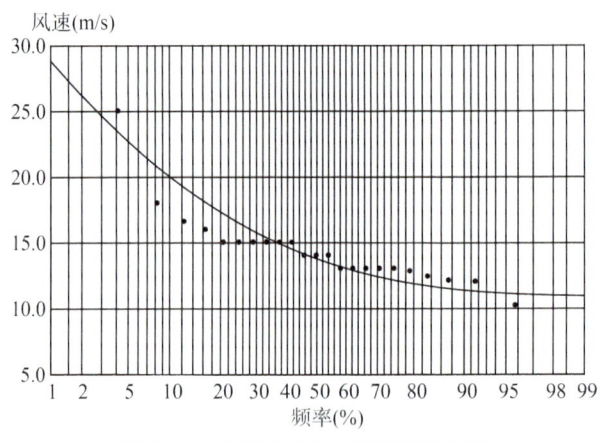

图 3.12　A 平台 SE 向风速频率曲线

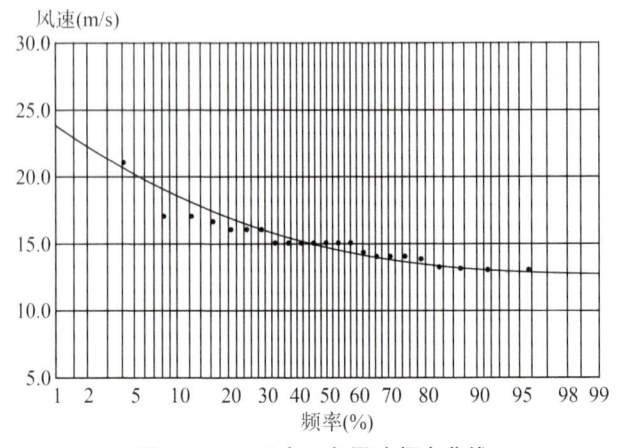

图 3.13　A 平台 S 向风速频率曲线

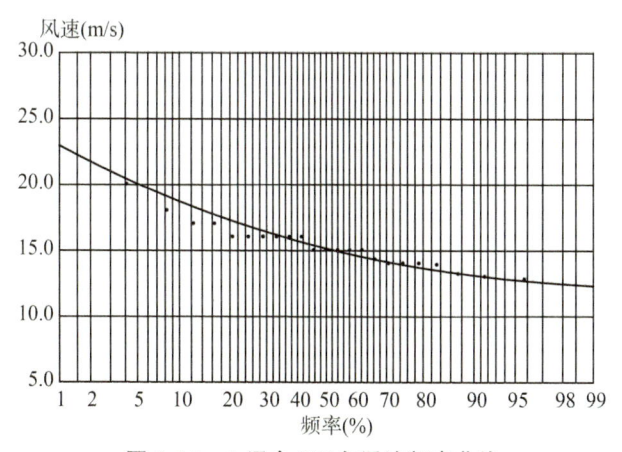

图 3.14　A 平台 SW 向风速频率曲线

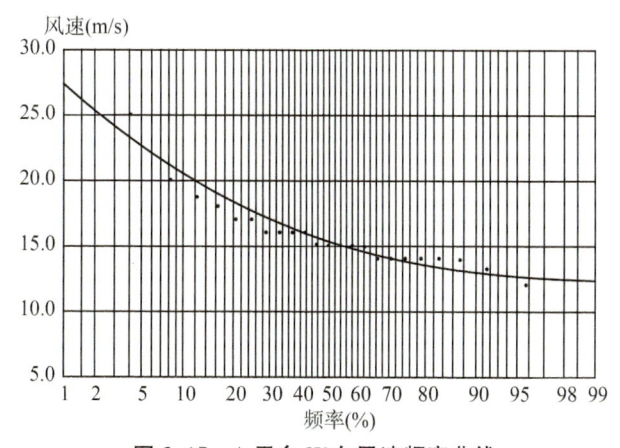

图 3.15　A 平台 W 向风速频率曲线

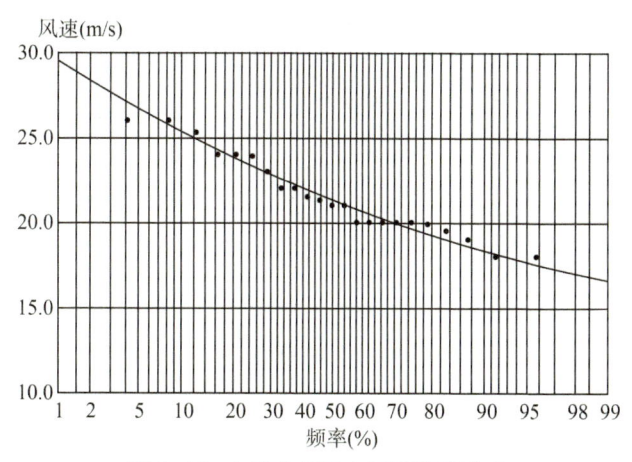

图 3.16　A 平台 NW 向风速频率曲线

3.3 波浪

实测波浪资料主要来自天津新港附近海域的新港灯船站、新港灯塔站(测波站)和南港工业区南面的塘沽海洋站(7#平台)。

3.3.1 新港灯船站

新港灯船站1960—1969年不同方向波高频率统计结果见图3.17和表3.12。由表可见,常浪向为SE向,出现频率为9.55%,其次为SW向,出现频率为8.21%;强浪向为E向,该向大于1.5 m的波高出现频率为1.13%,其次为NW向,该向大于1.5 m的波高出现频率为0.87%,主要的强浪方向带为NE~SE向。

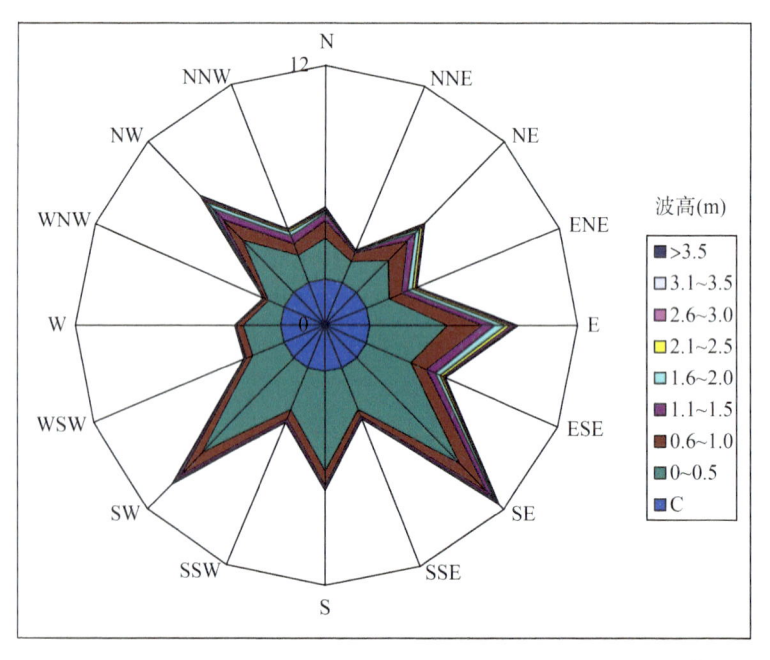

图3.17 天津新港灯船站(1960—1969年)波浪玫瑰图(单位:%)

第 3 章 风浪特性

表 3.12　天津新港灯船站 1960—1969 年实测不同方向波高频率统计表

单位：%

	0~0.5 m	0.6~1.0 m	1.1~1.5 m	1.6~2.0 m	2.1~2.5 m	2.6~3.0 m	3.1~3.5 m	>3.5	累积频率
N	1.89	0.83	0.34	0.10	0.07	0.05	0.06	0.01	3.34
NNE	1.07	0.42	0.05	0.05	0.02	0.02			1.62
NE	2.09	1.28	0.54	0.27	0.19	0.10	0.03	0.05	4.56
ENE	1.14	0.63	0.30	0.25	0.14	0.06	0.02	0.02	2.56
E	3.67	1.65	0.61	0.51	0.26	0.19	0.10	0.07	7.06
ESE	2.26	0.81	0.46	0.24	0.15	0.08	0.04		4.05
SE	6.86	1.85	0.52	0.18	0.05	0.06	0.02	0.01	9.55
SSE	2.06	0.32	0.12	0.02					2.52
S	4.60	0.67	0.15	0.02	0.02				5.47
SSW	2.10	0.45	0.14	0.02	0.02				2.73
SW	6.20	1.43	0.38	0.16	0.02	0.02			8.21
WSW	1.59	0.33	0.07	0.03					2.02
W	1.77	0.34	0.05	0.01					2.16

049

续表

	0~0.5 m	0.6~1.0 m	1.1~1.5 m	1.6~2.0 m	2.1~2.5 m	2.6~3.0 m	3.1~3.5 m	>3.5	累积频率
WNW	0.80	0.16	0.02	0.04	0.02	0.01			1.06
NW	3.42	1.36	0.71	0.42	0.17	0.19	0.05	0.04	6.35
NNW	1.34	0.57	0.38	0.22	0.12	0.02	0.02		2.67
C	42.86								34.10
累积频率	42.86	13.11	4.82	2.55	1.24	0.79	0.34	0.20	100
平均周期(s)	2.49	3.25	3.62	3.99	4.23	4.56	4.74	5.03	

注：表中数据因四舍五入稍有误差。

3.3.2 新港灯塔站(测波站)

新港灯塔站(测波站)位于海河口外海理论基面 10 m 等深线附近。该站测得的波浪资料对河口区深水波要素有较好的代表性,因此利用该站连续一年的波浪观测资料进行风浪关系分析和波要素统计。新港灯塔站 1983 年 5 月—1984 年 5 月风浪统计结果表明,海河口附近海区以风浪为主,风浪和以风浪为主的混合浪年出现频率为 72.8%,以涌浪为主的混合浪占 26.6%,纯涌浪仅占 0.6%,该站常浪向为 ESE～S 向。图 3.18 和图 3.19 分别为该站 1983—

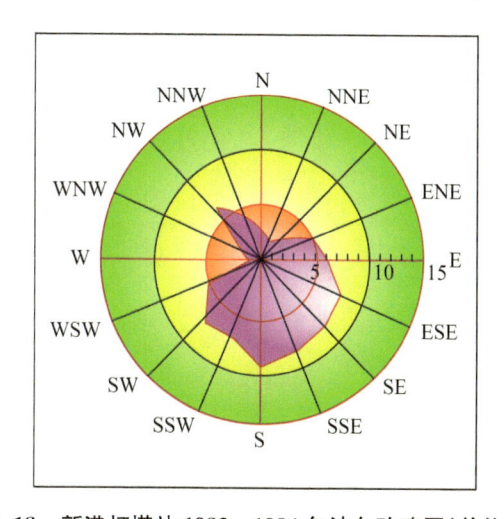

图 3.18 新港灯塔站 1983—1984 年波向玫瑰图(单位:%)

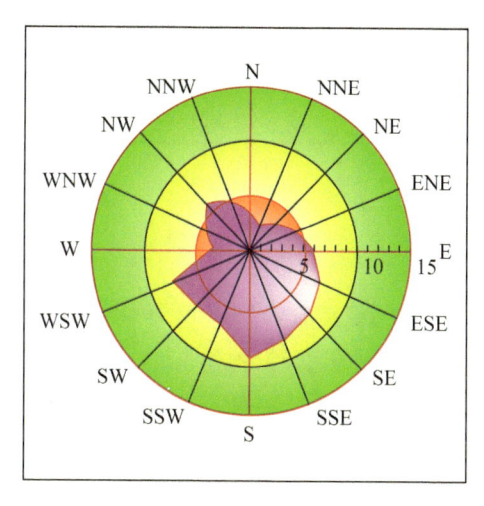

图 3.19 新港灯塔站 1983—1984 年风向玫瑰图(单位:%)

1984年波向和风向玫瑰图,由两图可见风向和波向的分布具有较高的相似性。表 3.13 为根据新港灯塔站 1983 年 5 月—1984 年 5 月风浪观测资料分析得出的主要方向波浪频率统计结果。结合图表可知：该测站常浪向为 S 向,频率为 9.38%,在 WSW~S~ENE 向范围内,波向几乎呈扇形分布,频率为 61.74%。该海区主要以小周期风浪为主,平均周期为 3.1 s,波高 0.5 m 以上波浪对应的平均周期为 3.7 s。

表 3.13 新港灯塔站 1983—1984 年实测波浪频率统计表

波高(m)		0~0.5	0.6~1.0	1.1~1.5	1.6~2.0	2.1~2.5	>2.5	累积频率(%)
沿岸波	频率(%)	23.43	7.34	1.81	0.32	—	—	32.90
	平均波高(m)	0.33	0.74	1.25	1.70	—	—	
	平均周期(s)	2.65	3.45	4.04	3.90	—	—	
向岸波	频率(%)	23.29	9.45	3.25	0.53	—	—	36.52
	平均波高(m)	0.36	0.73	1.27	1.71	—	—	
	平均周期(s)	2.96	3.47	3.99	4.60	—	—	
离岸波	频率(%)	11.11	5.44	2.87	1.29	0.08	—	20.79
	平均波高(m)	0.36	0.73	1.28	1.78	2.10	—	
	平均周期(s)	2.63	3.45	3.84	4.70	4.80	—	
合计	频率(%)	57.83	22.23	7.93	2.14	0.08	—	90.21
	平均波高(m)	0.35	0.73	1.27	1.73	2.10	—	
	平均周期(s)	2.75	3.46	3.96	4.40	4.80	—	

注：表中数据因四舍五入稍有误差。

3.3.3　塘沽海洋站(7#平台)

塘沽海洋站(7#平台)测波点在海图 5 m 等深线附近,在滨海旅游区以南约 62 km、独流减河口防潮闸东南约 30.9 km,距独流减河口附近海域不足 25 km。塘沽海洋站 1983 年 5 月—1984 年 5 月波向玫瑰图和 1973—1984 年多年平均波向玫瑰图见图 3.20 和图 3.21。经统计结果和波向玫瑰图对比,7#平台附近海域多年以小周期风生浪为主,一年和多年平均各级波高出现的频率基本相同,波向分布基本相似。可见,1983—1984 年的波浪资料对于多年平均波况而言具有较好的代表性。

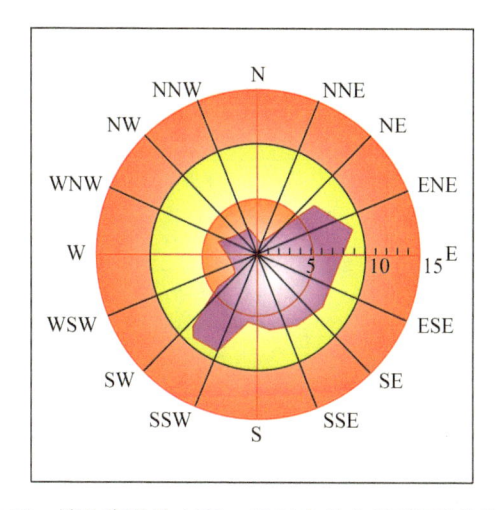

图 3.20　塘沽海洋站 1983—1984 年波向玫瑰图(单位:%)

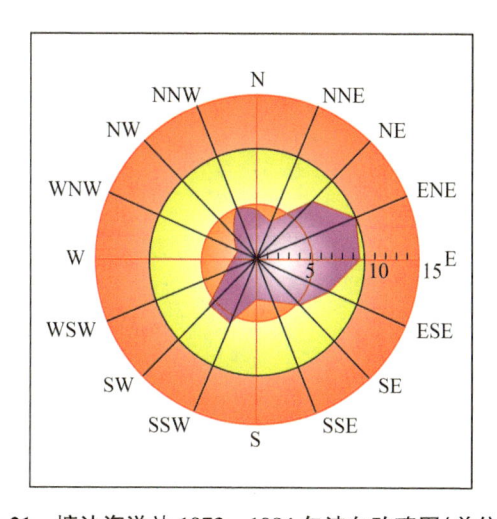

图 3.21　塘沽海洋站 1973—1984 年波向玫瑰图(单位:%)

3.4　代表波

在讨论海岸泥沙运动特性时,采用的波浪要素通常根据能量频率加权平均法推求。通过较长时间序列实测波浪资料,分析概化得出以一组或几组代表波要素。表 3.14 所示为根据新港灯船站、灯塔站实测波浪能量加权平均的代表波要素(平均波高、平均周期、年频率)。表 3.15 所示为根据塘沽海洋站(7#平台)实测波浪能量加权平均的代表波要素(平均波高、平均周期、年频率)。

表 3.14 新港灯船站、灯塔站实测波浪能量加权平均代表波要素

	$H_{1/10} > 0$ m			$H_{1/10} > 0.5$ m		
	$H_{1/10}$(m)	T(s)	P(%)	$H_{1/10}$(m)	T(s)	P(%)
灯船站	0.84	3.91	65.90	1.36	4.04	23.04
灯塔站	0.65	3.66	90.21	0.97	3.98	32.38

表 3.15 塘沽海洋站(7#平台)实测波浪能量加权平均代表波要素

	$H_{1/10} > 0$ m	$H_{1/10} > 0.5$ m	$H_{1/10} > 1.5$ m
$H_{1/10}$(m)	0.66	1.13	2.08
T(s)	3.0	3.7	4.8
P(%)	85.33	33.52	6.21

3.5 重现期波要素

根据《海港水文规范》(JTS 145—2—2013)推荐的利用风推浪的方法分析工程海域外海重现期波要素,同时采用天气图方法推算历年影响天津地区的特殊气候条件下的波浪,通过比较两者结果,最终确定渤海湾外海-20 m 等深线处不同重现期的波浪要素。

3.5.1 风推浪方法推算

根据海面的设计风速,采用《海港水文规范》推荐的利用风推浪的方法可以推算研究区域的外海重现期波要素。

在天津滨海旅游区防潮堤规划设计研究中,给出了渤海湾-20 m 等深线处 N~SE 四个方向在 100 年、50 年和 2 年一遇条件下通过计算得到的控制点位置的重现期波要素;在开展天津南港工业区防潮堤工程设计研究时,增加计算了 200 年和 5 年一遇条件下的重现期波要素,见表 3.16。从表中可以看出,该水域的大浪方向主要为 NE 向和 E 方向,50 年一遇风浪条件下-20 m 水深处的有效波高达 4.7 m,对应波周期为 8.2 s 左右。

表 3.16　−20 m 等深线处重现期波要素（风推浪法结果）

重现期(年)	波要素	波向 N	NE	E	SE
200	H_s(m)	3.59	5.06	4.98	4.36
	T(s)	7.20	8.55	8.48	7.94
100	H_s(m)	3.45	4.88	4.81	4.12
	T(s)	7.05	8.40	8.34	7.71
50	H_s(m)	3.30	4.71	4.65	3.87
	T(s)	6.91	8.25	8.19	7.47
25	H_s(m)	2.69	3.98	3.97	2.80
	T(s)	6.24	7.58	7.57	6.36
2	H_s(m)	2.35	3.57	3.59	2.26
	T(s)	5.83	7.18	7.20	5.72

3.5.2　天气图方法推算

采用风推浪的方法计算外海重现期波要素在缺乏实测波浪资料的工程水域应用得非常广泛且有效；另有一些学者认为，结合天气图资料对分析资料进行校核也是十分重要的一项工作。为此，本书收集了 1960—2010 年期间一些影响天津地区的特殊气候条件下的地面天气图，采用这些天气图资料计算分析波浪要素。

根据 1960—2010 年这 51 年的历史天气图资料、台风路径资料以及附近测站的风速资料，综合计算分析渤海湾外海−20 m 水深处的重现期波要素。

首先对照渤海湾附近测站的气象资料，每年选取 3~4 次 NE~SE 方向上的大风天气过程；然后查阅 1960—2010 年各次大风天气过程中的历史地面天气图，从中挑选出对渤海湾水域影响较大的天气过程，采用《海港水文规范》推荐的方法根据天气图上的等压线计算各方向海面上风速，并依据附近气象站风速做必要的修正，进而获取外海−20 m 等深线处计算点各年份的波浪要素；最后得出外海计算点对应方向的年极值波高。采用皮尔逊Ⅲ型曲线对各方向的年极值波高进行拟合，得到 NE~SE 方向上的不同重现期波浪要素。图 3.22~图 3.25 展示出了 N、NE、E、SE 四个方向在−20 m 等深线处的多年年极值波高经皮尔逊Ⅲ型曲线拟合得到的频率曲线分布。表 3.17 中为这四个方向采用天气图方法计算分析得到的不同重现期波要素结果。

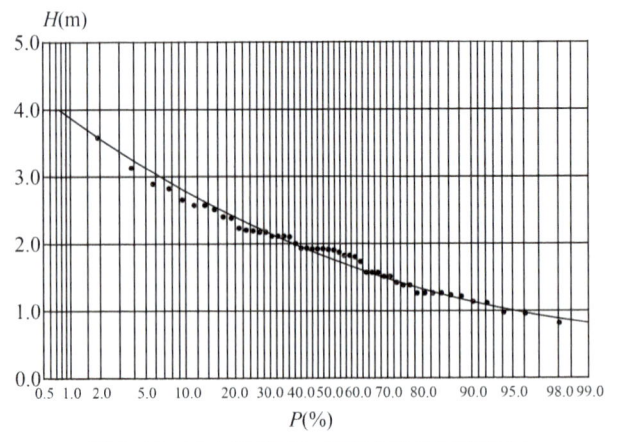

图 3.22　N 向波高 H_s 频率曲线（天气图法）

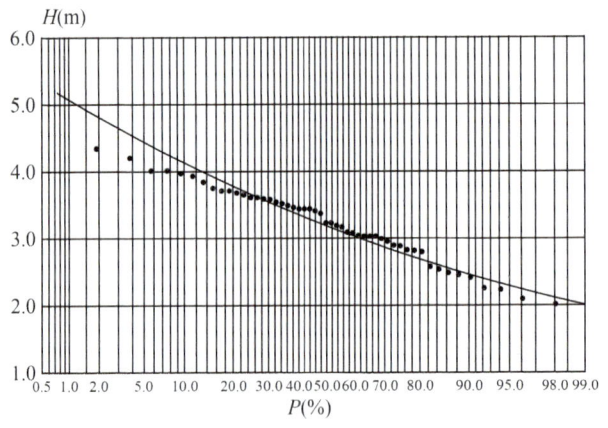

图 3.23　NE 向波高 H_s 频率曲线（天气图法）

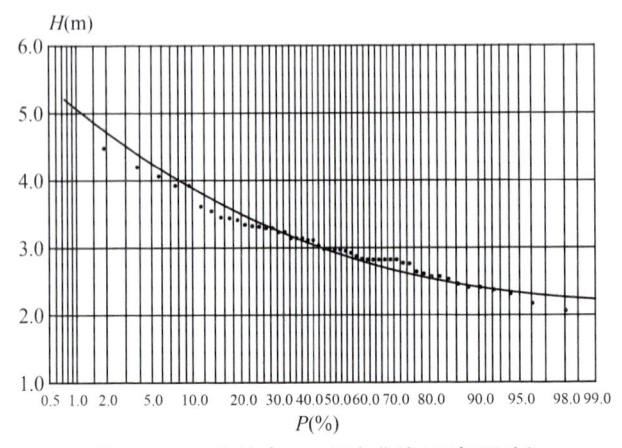

图 3.24　E 向波高 H_s 频率曲线（天气图法）

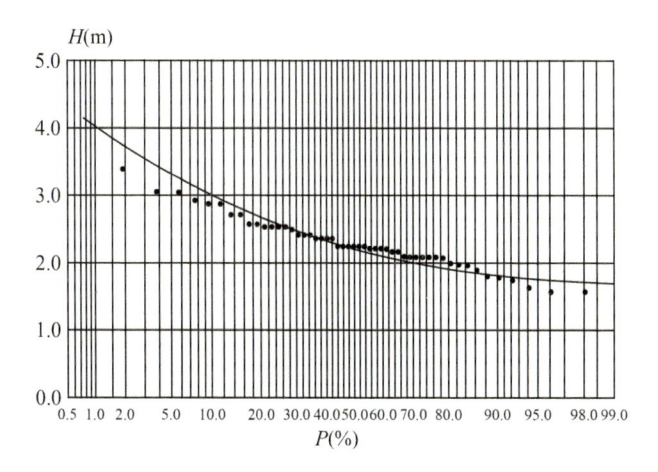

图 3.25　SE 向波高 H_s 频率曲线（天气图法）

表 3.17　−20 m 等深线处重现期波要素（天气图法结果）

重现期（年）	波要素	N	NE	E	SE
200	H_s(m)	4.18	5.31	5.40	4.32
	T(s)	7.60	8.70	8.80	7.65
100	H_s(m)	3.87	5.07	5.07	4.04
	T(s)	7.33	8.48	8.56	7.36
50	H_s(m)	3.56	4.80	4.72	3.73
	T(s)	7.03	8.26	8.33	7.06
25	H_s(m)	3.24	4.53	4.37	3.45
	T(s)	6.71	8.02	8.08	6.76
2	H_s(m)	1.79	3.19	2.96	2.26
	T(s)	5.08	6.90	6.94	5.72

3.5.3　塘沽海洋站重现期波高分析结果

位于南港工业区南侧的塘沽海洋站（7# 平台），拥有 1970—1982 年共 13 年的波浪观测资料。虽然资料年限较短，但是分析该站的重现期波浪要素对于确定本海域的深水波要素具有很好的参考价值。

表 3.18 中列出了塘沽海洋站（−5 m 水深）重现期波高分析结果。从分析结果来看，该海域−5 m 水深处 E 向的 50 年一遇的十分之一波高约为 4.3 m，对应有效波高约为 3.6 m。

表 3.18　塘沽海洋站重现期波高分析结果(1970—1982 年)　　　　　单位：m

重现期(年)	$H_{1/10}$			
	N	NE	E	SE
200	3.93	4.71	4.80	4.80
100	3.76	4.47	4.55	4.37
50	3.58	4.23	4.28	3.94

3.5.4　以往渤海湾重现期波要素分析成果

工程附近一些相关工程项目在研究期间也给出了不同水深位置的重现期波要素。表 3.19～表 3.22 列出了相近工程波浪研究采用的外海不同水深位置的一些波浪要素。使用这些成果研究渤海湾水域的波浪问题时,大多考虑的是方向为 ENE～SE 的波浪,N 向的波浪很少涉及。就 SE～NE 方向 50 年一遇的波浪而言,在滨海旅游区竖向规划研究阶段,−15 m 水深处 E 向和 SE 向 50 年一遇的波高 H_s 分别为 4.22 m 和 3.58 m;本书中采用天气图方法求得的外海−20 m 水深处的波高则分别为 4.72 m 和 3.73 m,均大于前者。

天津新港项目研究期间,−7 m 水深处 NE(ENE)向的 50 年一遇波高 $H_{1/10}$ 为 5.1 m,换算成有效波高 H_s 为 4.16 m。其他结果因水深的不同、位置的差异也各不相同,相应方向的重现期波高均比本书中的推算结果要小。

表 3.19　外海重现期波要素表(−10 m,永定新河化学工业园)

重现期	ESE	
	$H_{1/10}$(m)	T(s)
20 年一遇	3.61	7.58
10 年一遇	3.37	7.32

表 3.20　外海重现期波要素表(−10 m,永定河口)

重现期	ESE		SSE	
	$H_{1/10}$(m)	T(s)	$H_{1/10}$(m)	T(s)
50 年一遇	4.32	8.31	3.4	7.37
25 年一遇	4.19	8.10	3.2	7.16
10 年一遇	3.87	7.87	2.89	6.8

表 3.21　外海重现期波要素表(−7 m,天津新港)

重现期	E(ESE) $H_{1/10}$(m)	E(ESE) T(s)	SE(SSE) $H_{1/10}$(m)	SE(SSE) T(s)	NE(ENE) $H_{1/10}$(m)	NE(ENE) T(s)
50 年一遇	4.8	7.6	3.8	5.8	5.1	8.1
25 年一遇	4.5	7.1	3.4	5.6	4.6	7.7
10 年一遇	4.1	6.6	3.0	5.2	4.0	7.1

表 3.22　外海重现期波要素表(−15 m,滨海旅游区防潮规划研究阶段)

重现期	E H_s(m)	E T(s)	SE H_s(m)	SE T(s)
50 年一遇	4.22	7.8	3.58	7.2
25 年一遇	4.09	7.7	3.41	7.0

3.5.5　重现期波要素推荐值

通过对比分析上述渤海湾外海重现期波要素成果,可知对于深水处的波高,风推浪方法的计算结果和天气图方法的计算结果存在差异。经比较发现,除 2 年一遇的波要素外,利用天气图方法推算的外海重现期波要素一般比直接采用风推浪方法得出的结果要大。为安全起见,推荐的各重现期波要素(波高)为两种结果中较大的值,列于表 3.23 中。

表 3.23　渤海湾−20 m 等深线处重现期波要素(推荐值)

重现期(年)	波要素	N	NE	E	SE
200	H_s(m)	4.18	5.31	5.40	4.32
200	T(s)	7.60	8.70	8.80	7.65
100	H_s(m)	3.87	5.07	5.07	4.04
100	T(s)	7.33	8.48	8.56	7.36
50	H_s(m)	3.56	4.80	4.72	3.73
50	T(s)	7.03	8.26	8.33	7.06
25	H_s(m)	3.24	4.53	4.37	3.45
25	T(s)	6.71	8.02	8.08	6.76
2	H_s(m)	2.35	3.57	3.59	2.26
2	T(s)	5.83	7.18	7.20	5.72

3.6　本章小结

（1）风是气象要素中相对不稳定的一个因素，观测资料的年际统计值有一定的差异。本研究收集了大清河盐场站、汉沽气象站、塘沽气象站、新港灯船站、新港灯塔站、天津港东突堤和塘沽海洋站（7#平台）等测站的实测风资料，已知各地区常风向和强风向各不相同。

（2）本研究收集了塘沽气象站、塘沽海洋站、大港气象站和 A 平台气象站等站点的多年年大风极值，采用皮尔逊Ⅲ型曲线拟合计算出各站点不同方向的重现期风速值。

（3）本研究收集了新港灯船站、新港灯塔站（测波站）和塘沽海洋站（7#平台）的波浪实测资料；天津港附近灯船站的常浪向为 SE 向，强浪向为 E 向，主要强浪方向带为 NE～SE 向；灯塔站以小周期风浪为主，常浪向为 S 向，WSW～S～ENE 范围内的波向频率占全年的 61.74%；独流减河口东南海域的塘沽海洋站（7#平台）以小周期风浪为主，波浪主要分布于 NE～ESE 向。此外，采用能量频率加权平均法推求出上述三个测波站位的代表波要素。

（4）本研究采用风推浪和天气图方法分别推算了渤海湾外海重现期波要素。经综合分析，推荐了渤海湾外海－20 m 等深线处不同重现期的波浪要素。该成果已被应运用于天津滨海旅游区和南港工业区防潮堤规划设计研究中。

第 4 章

潮汐潮流特性

第4章 潮汐潮流特性

4.1 潮汐

4.1.1 曹妃甸验潮站

曹妃甸海域位于渤海湾湾口北侧,介于两个无潮点之间,主要受南渤海潮波系统控制。该海域潮汐系数为0.77,潮汐性质为不正规半日潮,即一天发生两次高潮和两次低潮,相邻两潮潮高不等,特别是小潮潮位过程比较复杂,接近全日潮,存在明显的潮差不等现象(见图4.1)。该海域属弱潮海岸,平均潮差由东向西逐渐增大,其中大清河口、柳赞、曹妃甸甸头、南堡和涧河口2006年3月的实测平均潮差分别为0.75 m、0.93 m、1.06 m、1.19 m和1.61 m。对曹妃甸甸头海域2000年10月—2001年10月连续一年的潮位资料进行统计分析,该海域潮位特征值见表4.1,曹妃甸地区各基面换算关系见图4.2。

该海域年平均海平面在85国家高程基准以上0.03 m,年最高和年最低潮位分别为1.64 m和−1.60 m,年平均和年最大潮差分别为1.40 m和2.74 m。该海域潮波具有驻波特点,传播过程中受地形边界条件的影响,变形较大,不同地区的潮位过程有明显差异。由图4.1分析可知,曹妃甸以东海域的潮汐先涨或先落,涨潮期间,自西向东各潮位站的潮位过程存在明显的滞后,落潮时则反之。甸头海域平均涨、落潮历时大致相当,均为6 h左右;但甸西各验潮站的落潮历时均大于涨潮历时,其中南堡平均涨潮历时为4 h 40 min,比平均落潮历时短约3 h。

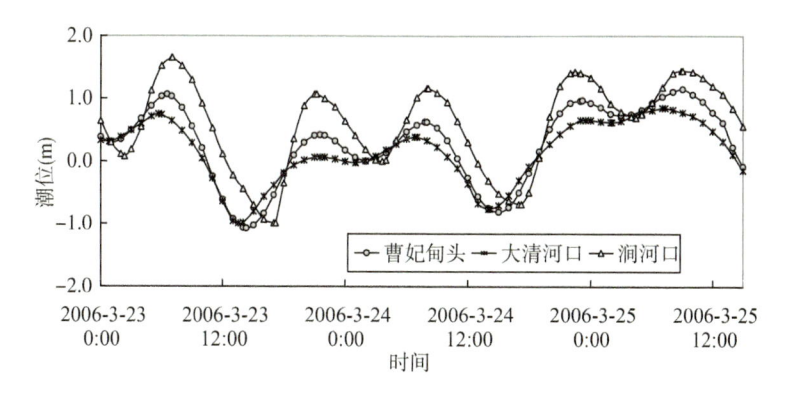

图4.1 曹妃甸海域不同验潮站潮位过程曲线图

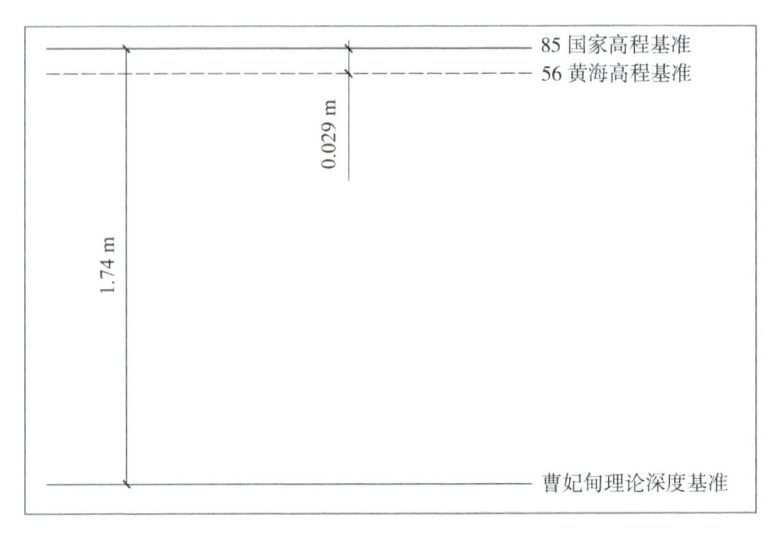

图 4.2 曹妃甸地区各基面换算关系

表 4.1 曹妃甸海域潮位特征值　　　　　　　　　　单位：m

潮位特征	曹妃甸理论最低潮面	85 国家高程基准
平均潮位	1.77	0.03
最高潮位	3.38	1.64
最低潮位	0.14	−1.60
平均潮差	1.40	1.40
最大潮差	2.74	2.74

4.1.2　天津港(塘沽)验潮站

塘沽验潮站的位置曾多次变迁：永定新河口历史上曾设有北塘潮位站，有 1951—1953 年三年的观测资料；距北塘站 18 km 的海河口曾设有北炮台潮位站，1959 年北炮台上移 2 km 左右为六米站。1986 年，国家海洋局天津海洋环境监测中心在天津港东突堤处设立了验潮站。经分析，1951—1953 年北塘站与北炮台站的潮位相关系数为 0.998，这表明北塘站与六米站的潮位资料基本一致。不同时期塘沽验潮站的位置经纬坐标见表 4.2。

根据中交一航院对 1963—1986 年六米站及 1986—1993 年东突堤站共 31 年潮位观测资料的统计，该海域潮位特征值见表 4.3，塘沽地区各基面换算关系见图 4.3。潮位特征值统计结果表明，该海域多年平均海平面在 85 国家高程基准以下 0.11 m，多年平均高潮位和低潮位分别为 1.10 m 和 −1.33 m，多年平均潮差和最大潮差分别为 2.43 m 和 4.37 m，多年最高高潮位为 3.26 m，发生在 1992 年 9 月 1 日（即 9216 号台风风暴潮期间），汛期多年平均最高潮位为 2.21 m。

表 4.2　塘沽验潮站位置

年份	纬度	经度
1981—1982	39°00′N	117°43′E
1983—1985	38°59′N	117°44′E
1986—1994	38°59′N	117°45′E
1995—2000	38°59′N	117°47′E

表 4.3　塘沽海洋站潮位特征值　　　　　　　　　　　　　　单位：m

潮位特征	新港理论最低潮面	85 国家高程基准	备注
多年平均潮差	2.43	2.43	
多年最大潮差	4.37	4.37	
当地多年平均海平面	2.56	−0.11	
多年平均高潮位	3.77	1.10	
多年平均低潮位	1.34	−1.33	
多年最高高潮位	5.93	3.26	1992 年 9 月 1 日
多年最低低潮位	−1.08	−3.75	1957 年 12 月 28 日
汛期多年平均最高潮位	4.88	2.21	

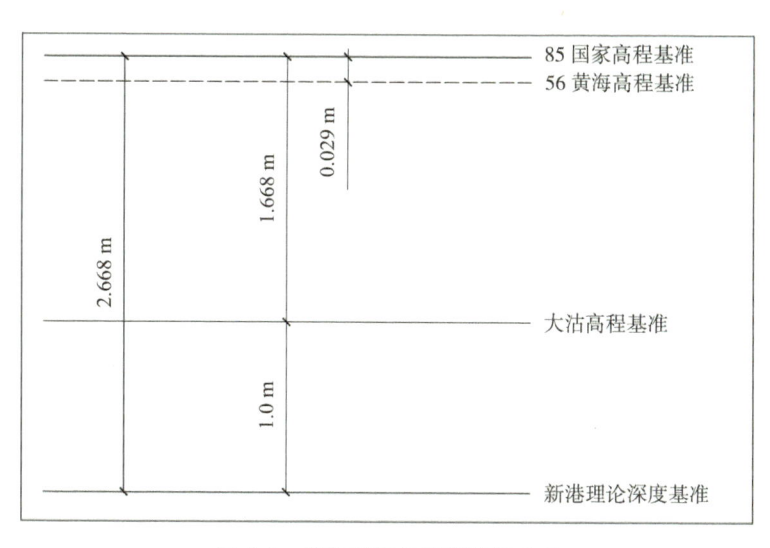

图 4.3　塘沽地区各基面换算关系

根据天津港 2011 年 6 月 12 日至 2012 年 6 月 30 日的实测潮位资料分析得到天津港地区潮位特征值,见表 4.4。选用 2011 年 6 月 28 日至 2012 年 6 月 30 日共计 369 天的逐时潮位资料作调和分析,以消除各主要分潮之间的相互影响,所得调和常数见表 4.5。该站位的潮汐系数($H_{K_1}+H_{O_1})/H_{M_2}=0.61$,为不正规半日潮。按照《海道测量规范》(GB 12327—90)(分析时参照的规范)的规定,理论最低潮面可由 13 个分潮的调和常数求得,理论最低潮面在该年平均海平面以下 2.52 m,即大沽高程基准 −0.92 m,换算成 85 国家高程基准则为 −2.59 m;采用 2000 年一年的潮位资料进行调和分析,求得塘沽站理论最低潮面为平均海平面以下 2.44 m,即大沽高程基准 −0.88 m,换算成 85 国家高程基准则为 −2.55 m。可见,本次理论最低潮面计算结果与以往结果基本一致。

表 4.4　天津港潮位特征值　　　　　　　　　　　　　　　　　　　单位:m

潮位特征	大沽高程基准	新港理论最低潮面	85 国家高程基准
平均海平面	1.60	2.60	−0.07
最高潮位	3.99	4.99	2.32
最低潮位	−1.30	−0.30	−2.97
年平均高潮位	2.72	3.72	1.05
年平均低潮位	0.44	1.44	−1.23
年平均潮差	2.28	2.28	2.28
年最大潮差	3.91	3.91	3.91
年最小潮差	0.61	0.61	0.61

表 4.5　天津港潮汐调和常数(369 d 资料)

分潮	天文潮							
	Q_1	O_1	P_1	K_1	N_2	M_2	S_2	K_2
振幅 H(cm)	4.57	27.78	10.44	35.36	17.37	103.86	31.06	10.41
迟角 g(°)	65.99	93.91	135.95	147.47	43.08	76.61	148.36	143.41

分潮	浅水分潮			长周期分潮	
	M_4	MS_4	M_6	Sa	Ssa
振幅 H(cm)	7.07	4.63	0.69	29.48	0.99
迟角 g(°)	39.59	114.85	278.34	195.68	132.53

4.1.3 南港工业区验潮站

根据南港工业区 2011 年 6 月 10 日至 2012 年 6 月 30 日的实测潮位资料统计得到该地区潮位特征值,见表 4.6。选用南港工业区 2011 年 6 月 28 日至 2012 年 6 月 30 日共计 369 天的逐时潮位资料作调和分析,以消除各主要分潮之间的相互影响,所得调和常数见表 4.7。南港工业区潮汐系数($H_{K_1} + H_{O_1})/H_{M_2}=0.58$,为不正规半日潮。通过 13 个分潮的调和常数推算得到该地区的理论最低潮面为平均海平面以下 2.56 m,即大沽高程基准−0.90 m,换算成 85 国家高程基准则为−2.57 m,该区各基面换算关系见图 4.4。

表 4.6 南港工业区验潮站潮位特征值　　　　单位:m

潮位特征	大沽高程基准	新港理论最低潮面	85 国家高程基准
平均海平面	1.66	2.66	−0.01
最高潮位	4.37	5.37	2.70
最低潮位	−1.24	−0.24	−2.91
年平均高潮位	2.84	3.84	1.17
年平均低潮位	0.44	1.44	−1.23
年平均潮差	2.41	2.41	2.41
年最大潮差	4.28	4.28	4.28
年最小潮差	0.71	0.71	0.71

表 4.7 南港工业区验潮站潮汐调和常数(369 d 资料)

分潮	天文潮							
	Q_1	O_1	P_1	K_1	N_2	M_2	S_2	K_2
振幅 H(cm)	4.52	27.78	10.46	35.46	18.14	108.78	33.27	10.96
迟角 g(°)	72.43	98.49	142.33	152.37	52.52	85.56	158.89	154.47

分潮	浅水分潮			长周期分潮	
	M_4	MS_4	M_6	Sa	Ssa
振幅 H(cm)	8.86	6.0	1.2	27.61	1.88
迟角 g(°)	69.98	145.94	327.99	195.89	350.11

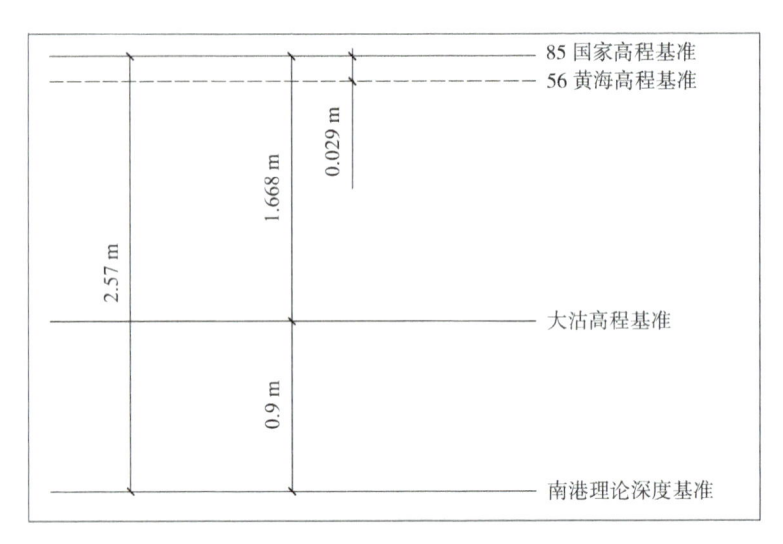

图 4.4 南港工业区各基面换算关系

4.1.4 黄骅港验潮站

对黄骅港 2011 年 6 月 12 日至 2012 年 6 月 30 日的实测潮位资料进行潮位相关特征值分析,见表 4.8。选用黄骅港 2011 年 6 月 28 日至 2012 年 6 月 30 日共计 369 天的逐时潮位资料作调和分析,以消除各主要分潮之间的相互影响,所得调和常数见表 4.9。黄骅港潮汐系数 $(H_{K_1}+H_{O_1})/H_{M_2}=0.63$,为不正规半日潮。利用该地区 13 个分潮的调和常数计算得到理论最低潮面为平均海平面以下 2.33 m,即大沽高程基准 −0.68 m,换算成 85 国家高程基准则为 −2.35 m,该区各基面换算关系见图 4.5。

表 4.8 黄骅港验潮站潮位特征值   单位:m

潮位特征	大沽高程基准	黄骅港理论最低潮面	85 国家高程基准
平均海平面	1.65	2.33	−0.02
最高潮位	4.47	5.15	2.80
最低潮位	−1.12	−0.44	−2.79
年平均高潮位	2.76	3.44	1.09
年平均低潮位	0.59	1.27	−1.08
年平均潮差	2.17	2.17	2.17
年最大潮差	3.96	3.96	3.96
年最小潮差	0.49	0.49	0.49

表 4.9　黄骅港验潮站潮汐调和常数(369 d 资料)

分潮	天文潮							
	Q_1	O_1	P_1	K_1	N_2	M_2	S_2	K_2
振幅 H(cm)	4.79	27.7	10.53	34.99	16.75	98.85	29.11	9.91
迟角 g(°)	74.77	101.7	142.38	155.21	59.92	93.82	166.09	161.79

分潮	浅水分潮			长周期分潮	
	M_4	MS_4	M_6	Sa	Ssa
振幅 H(cm)	3.21	1.68	0.96	23.96	1.01
迟角 g(°)	126.23	207.89	208.57	197.19	56.45

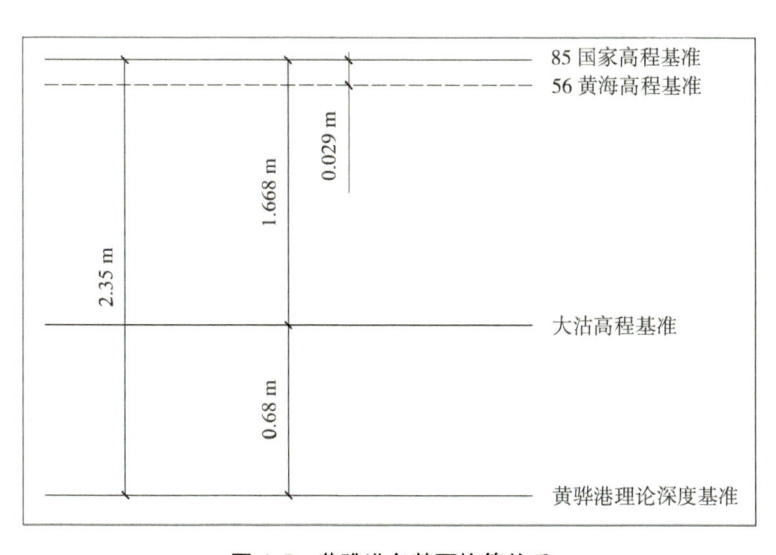

图 4.5　黄骅港各基面换算关系

4.1.5　各港区理论最低潮面对比分析

为比较邻近港口的情况,分别对天津港(塘沽)、南港工业区和黄骅港的同期观测资料进行了分析计算,见表 4.10。天津港(塘沽)和南港工业区以 85 国家高程基准为标准的理论最低潮面值基本一致,从港口建设的统一性角度出发,建议南港工业区可将当地理论最低潮面与天津港统一,为大沽基面以下 1 m,即通常所称的"新港理论基面"。黄骅港理论基面在 85 国家高程基准以下 2.35 m,高出天津港理论基面 0.2 m,对于两地以理论基面起算的相同码头面高程,以 85 国家高程基准计,则黄骅港码头面要高出天津港 0.2 m。

表 4.10 各港理论最低潮面对比

站点		塘沽 （东突堤）	塘沽 2000 年 （东突堤）	南港工业区	黄骅港
地理坐标		38°58′38″N, 117°47′21″E	38°58′38″N, 117°47′21″E	38°45′31″N, 117°35′49″E	38°19′10″N, 117°53′27″E
选用资料日期		2011.6.28— 2012.6.30	2000.1.1— 2000.12.31	2011.6.28— 2012.6.30	2011.6.28— 2012.6.30
年平均海平面(m,大沽基面)		1.60	1.56	1.66	1.65
理论最低 潮面(m)	当地海平面以下	2.52	2.44	2.56	2.33
	大沽高程基准	−0.92	−0.88	−0.90	−0.68
	85 国家高程基准	−2.59	−2.55	−2.57	−2.35
潮汐系数		0.61	0.61	0.58	0.63
港口潮汐类型		不正规半日潮			

4.1.6　2013 年渤海湾大范围水文测验潮位资料

南京水利科学研究院于 2013 年 10 月 18 日—19 日、26 日—27 日开展了渤海湾大范围现场水文测验工作，收集到曹妃甸、永定新河闸（闸下）、海河口[海河闸（闸下），临港工业区]、独流减河口[独流减河闸（闸下），南港大件码头]、岐口、黄骅港和东营港 9 个验潮站 2013 年 10 月份的潮位资料，设立了临时潮位站以观测北疆电厂、永定新河口和海河口 3 个站位水文测验期间大潮、小潮潮位资料，潮位测站布置示意图见图 4.6。

4.1.6.1　渤海湾沿岸潮位特征

潮位同步收集站 2013 年 10 月的潮位资料见图 4.7～图 4.10，潮位特征值统计见表 4.11，渤海湾沿岸潮位站大、小潮潮位过程线分别见图 4.11 和图 4.12。

第 4 章 潮汐潮流特性

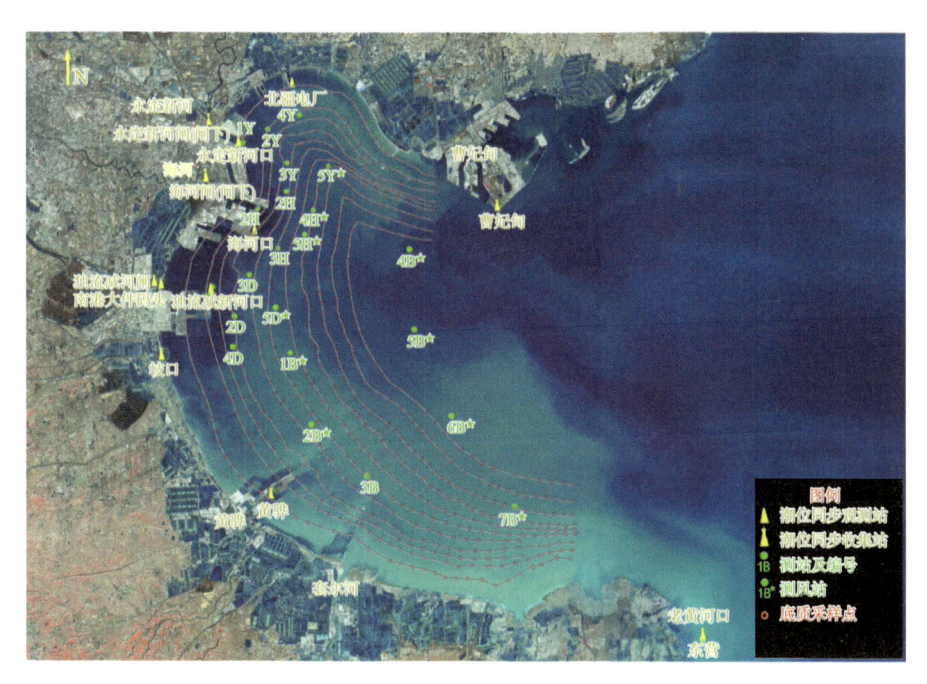

图 4.6 2013 年渤海湾大范围水文测验测站测点、采样点布置示意图

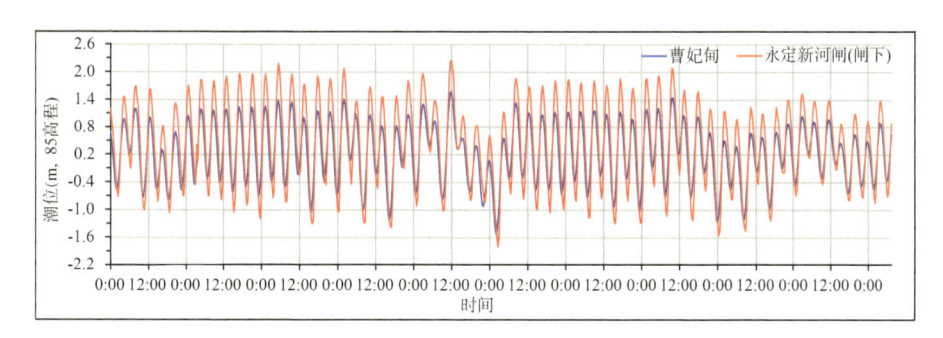

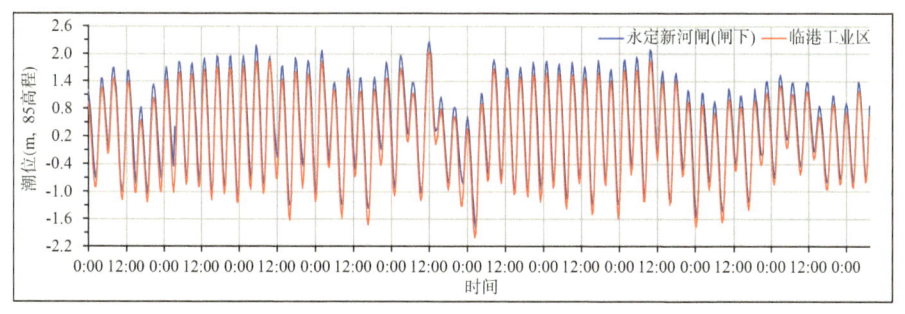

图 4.7 曹妃甸、永定新河闸(闸下)、临港工业区潮位观测站 2013 年 10 月潮位过程线

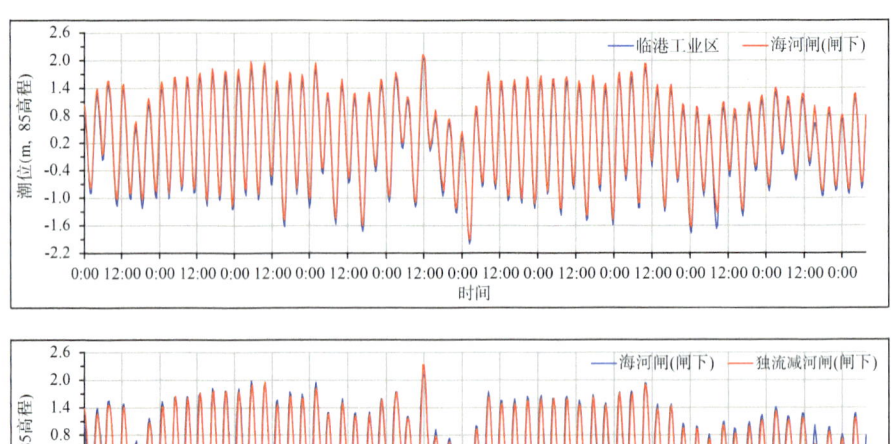

图 4.8　临港工业区、海河闸(闸下)、独流减河闸(闸下)潮位观测站 2013 年 10 月潮位过程线

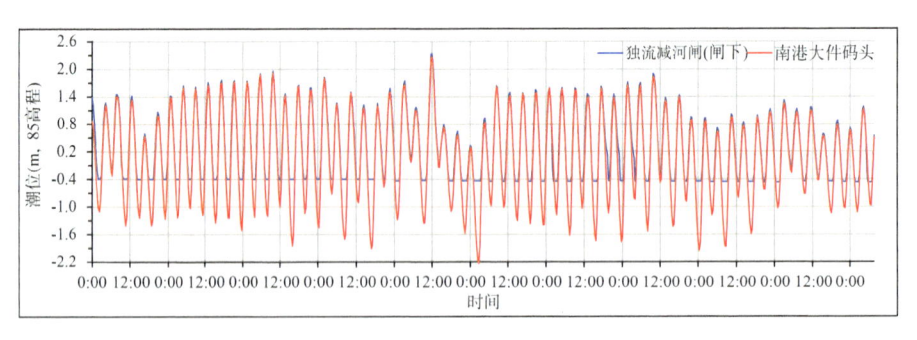

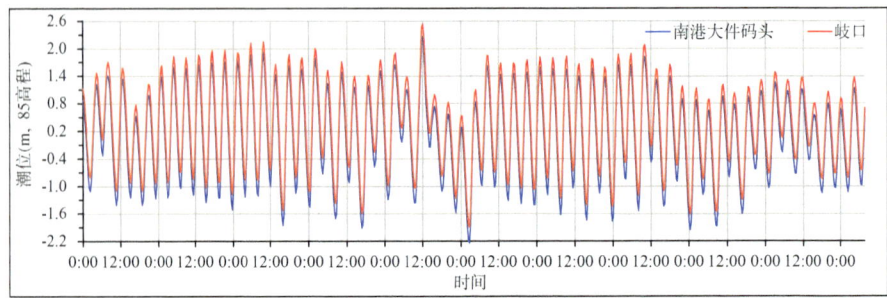

图 4.9　独流减河闸(闸下)、南港大件码头、岐口潮位观测站 2013 年 10 月潮位过程线

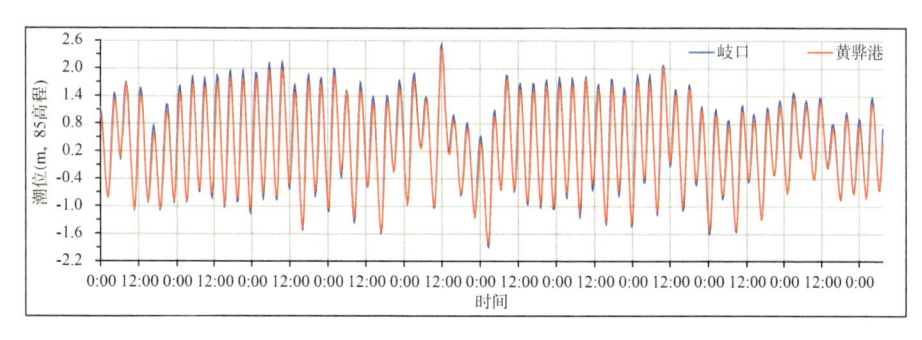

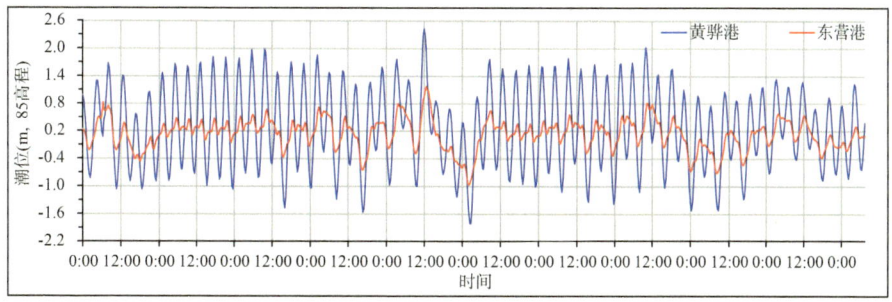

图 4.10 岐口、黄骅港、东营港潮位观测站 2013 年 10 月潮位过程线

表 4.11 2013 年 10 月实测潮位特征值统计　　　　　　　　　　　　　　单位：m

编号	名称	大潮(2013.10.18—10.19) 最高	最低	平均	最大潮差	小潮(2013.10.26—10.27) 最高	最低	平均	最大潮差
1*	曹妃甸	1.16	−0.67	0.42	1.82	0.70	−0.98	0.10	1.68
2	北疆电厂	1.28	−1.24	0.26	2.52	0.73	−1.40	−0.08	2.13
3	永定新河口	1.55	−1.36	0.38	2.91	1.02	−1.47	0.06	2.47
4*	永定新河闸（闸下）	1.89	−0.99	0.68	2.88	1.26	−1.23	0.28	2.48
5	海河口	1.37	−1.34	0.26	2.71	0.81	−1.53	−0.09	2.34
6*	临港工业区	1.58	−1.22	0.44	2.80	0.99	−1.40	0.09	2.39
7*	海河闸（闸下）	1.68	−1.12	0.55	2.80	1.14	−1.27	0.21	2.36
8*	南港大件码头	1.59	−1.47	0.32	3.06	0.99	−1.60	−0.04	2.55
9*	独流减河闸（闸下）	1.62	−0.44	0.50	—	1.05	−0.45	0.19	—
10*	岐口	1.82	−1.12	0.59	2.94	1.23	−1.28	0.23	2.45

续表

编号	名称	大潮(2013.10.18—10.19)				小潮(2013.10.26—10.27)			
		最高	最低	平均	最大潮差	最高	最低	平均	最大潮差
11	黄骅港	1.70	−1.03	0.48	2.69	1.08	−1.27	0.13	2.30
12*	东营港	0.44	−0.04	0.22	0.48	0.23	−0.54	−0.07	0.77

注："*"为潮位同步收集站，其他为潮位同步观测站。

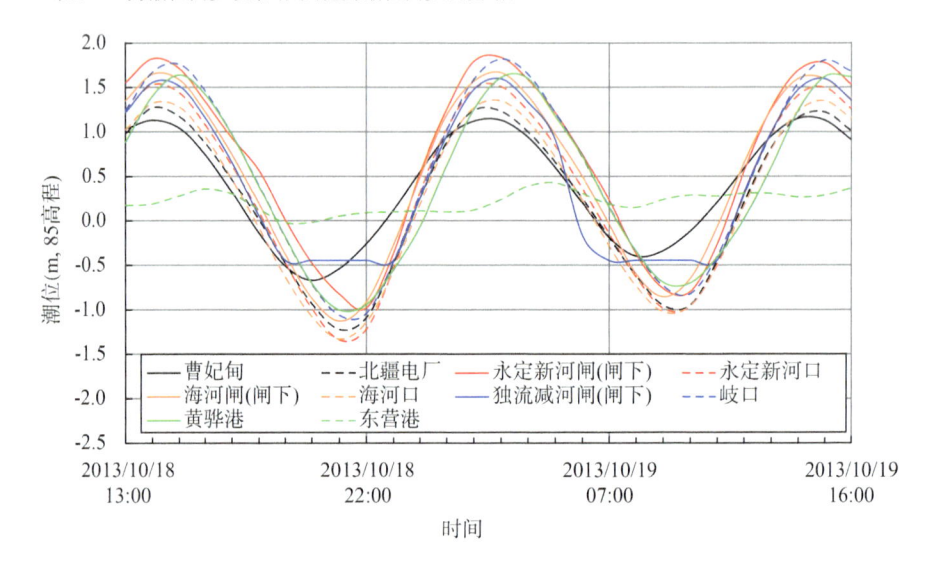

图 4.11 水文测验期间渤海湾沿岸潮位站大潮潮位过程对比

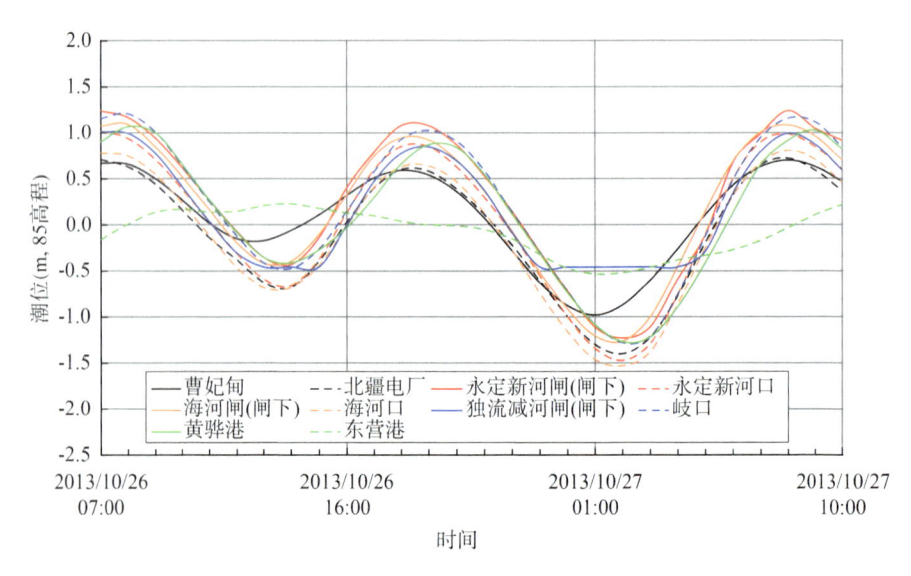

图 4.12 水文测验期间渤海湾沿岸潮位站小潮潮位过程对比

从图表中可以看出：从曹妃甸、北疆电厂、永定新河口、海河口、独流减河闸（闸下）、黄骅港、东营港的逆时针方向来看，渤海湾各地区潮位差别较大，渤海湾湾口南侧的东营港附近最高潮位低、最低潮位高，潮差最小时接近无潮点，湾口东北测的曹妃甸附近潮差次之，渤海湾湾顶附近的独流减河口则表现为最高潮位高、最低潮位低、潮差大。此外，独流减河闸（闸下）站址处滩地较高，低潮位时因露滩等因素存在潮位退不净现象。河口潮汐涨潮历时短，而落潮历时长。

4.1.6.2 河口闸下行洪通道内水位特性

2013年10月水文测验期间永定新河口、海河口及独流减河口通道内大潮、小潮潮位对比见图4.13~图4.18。

（1）永定新河口

该河口通道内由海向岸布设有永定新河口和永定新河闸（闸下）2个潮位测站，大潮和小潮潮位过程线见图4.13和图4.14。可以看出，该河口闸下通道内最高、最低水位表现为由外海向通道内逐渐增高，符合河口段潮波变形的一般规律。两站位潮位特征值统计见表4.12，大潮期间，闸下较河口处的高潮位壅高了0.28~0.34 m；小潮期间，高潮位则壅高了0.22~0.25 m。

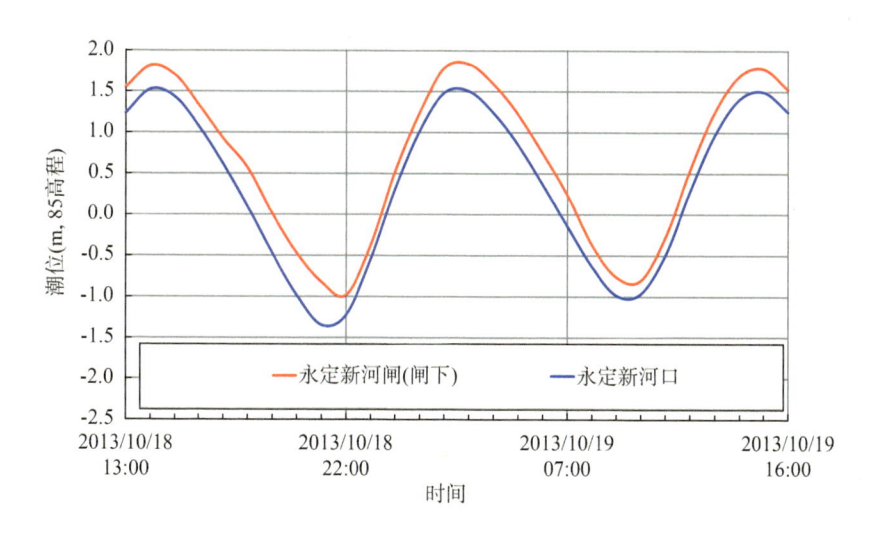

图4.13 水文测验期间永定新河口通道内大潮潮位过程对比

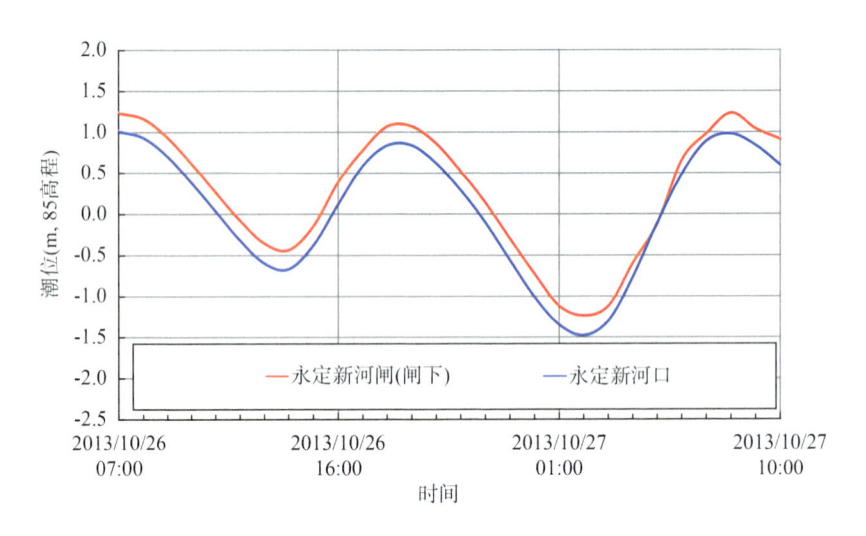

图 4.14　水文测验期间永定新河口通道内小潮潮位过程对比

(2) 海河口

该河口通道内布设有海河口和海河闸(闸下)2个潮位站,并收集了临港工业区站潮位资料,大潮和小潮潮位过程线见图 4.15 和图 4.16。该河口闸下通道内最高、最低水位沿程变化情况与永定新河口一致,也表现为由外海向通道内逐渐增高。两站位潮位特征值统计见表 4.13,大潮期间,闸下较河口处的高潮位壅高了 0.29～0.32 m;小潮期间,高潮位则壅高了 0.28～0.35 m。

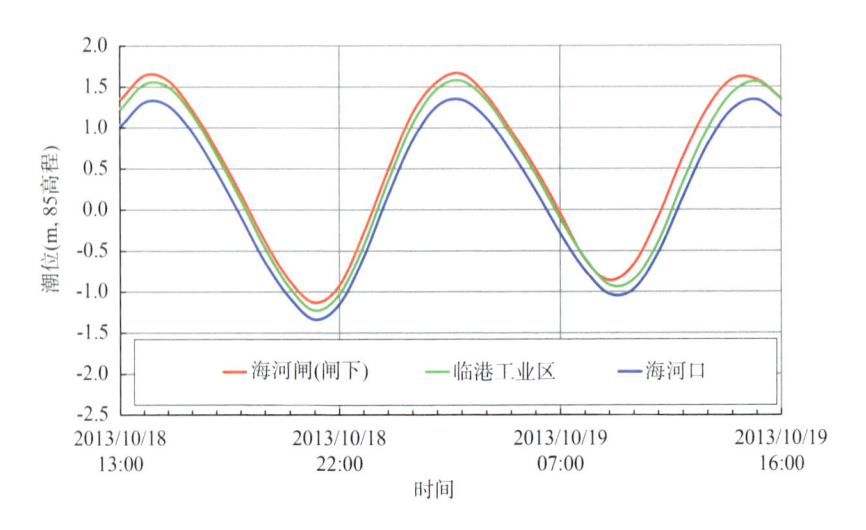

图 4.15　水文测验期间海河口通道内大潮潮位过程对比

表 4.12　2013 年 10 月永定新河口通道实测潮位特征值统计

大潮						小潮			
永定新河口		永定新河闸(闸下)		差值(m)		永定新河口		永定新河闸(闸下)	
时间	高低潮位(m)	时间	高低潮位(m)			时间	高低潮位(m)	时间	高低潮位(m)	差值(m)

注：差值=永定新河闸(闸下)潮位−永定新河口潮位。

时间	高低潮位(m)	时间	高低潮位(m)	差值(m)	时间	高低潮位(m)	时间	高低潮位(m)	差值(m)
2013/10/18 14:10	1.54	2013/10/18 14:06	1.82	0.28	2013/10/26 7:10	1.02	2013/10/26 07:12	1.26	0.24
2013/10/18 21:20	−1.36	2013/10/18 21:54	−0.99	0.37	2013/10/26 13:40	−0.68	2013/10/26 13:48	−0.44	0.24
2013/10/19 2:30	1.55	2013/10/19 02:30	1.89	0.34	2013/10/26 18:25	0.88	2013/10/26 18:24	1.10	0.22
2013/10/19 9:20	−1.05	2013/10/19 09:36	−0.85	0.20	2013/10/27 1:55	−1.47	2013/10/27 02:18	−1.23	0.24
2013/10/19 14:45	1.51	2013/10/19 14:42	1.79	0.28	2013/10/27 7:50	1.00	2013/10/27 07:42	1.25	0.25

第 4 章　潮汐潮流特性

表 4.13　2013 年 10 月海河口通道实测潮位特征值统计

大潮								小潮			
海河口		海河闸(闸下)			海河口		海河闸(闸下)				
时间	高低潮位(m)	时间	高低潮位(m)	差值(m)	时间	高低潮位(m)	时间	高低潮位(m)	差值(m)		
2013/10/18 14:20	1.35	2013/10/18 14:24	1.67	0.32	2013/10/26 7:25	0.79	2013/10/26 07:30	1.14	0.35		
2013/10/18 21:05	−1.34	2013/10/18 21:06	−1.12	0.22	2013/10/26 13:35	−0.70	2013/10/26 13:42	−0.44	0.26		
2013/10/19 2:40	1.37	2013/10/19 02:54	1.68	0.31	2013/10/26 18:35	0.66	2013/10/26 18:30	0.97	0.31		
2013/10/19 9:20	−1.05	2013/10/19 09:06	−0.86	0.19	2013/10/27 1:50	−1.53	2013/10/27 01:48	−1.27	0.26		
2013/10/19 14:50	1.36	2013/10/19 14:36	1.65	0.29	2013/10/27 8:05	0.81	2013/10/27 08:00	1.09	0.28		

注：差值＝海河闸(闸下)潮位－海河口潮位。

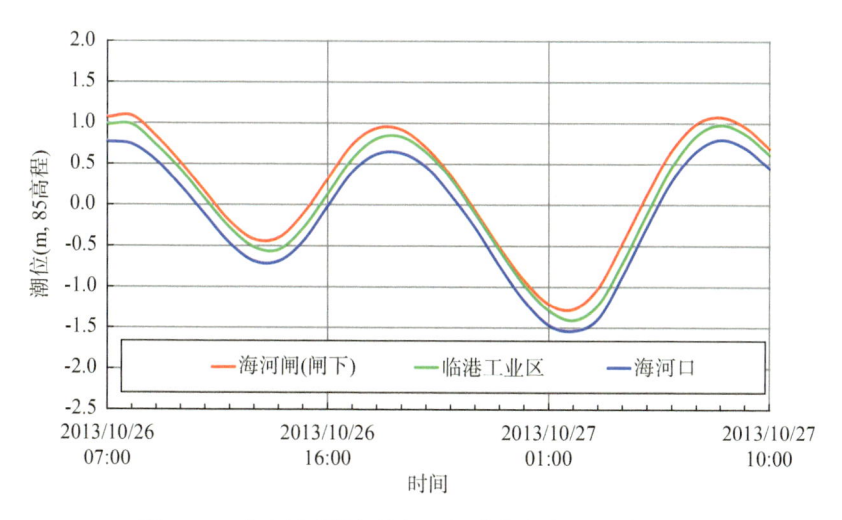

图 4.16　水文测验期间海河口通道内小潮潮位过程对比

（3）独流减河口

在独流减河口布设了南港大件码头和独流减河闸（闸下）2 个潮位站，从两站位的潮位过程线来看（图 4.17 和图 4.18），独流减河闸（闸下）站的高潮位较南港大件码头略高一些，但这两个站位相距约 1.7 km，因此该资料尚不能反映出该河口通道内的水位变化特性。同样，独流减河闸（闸下）站址处滩地较高，低潮位时存在潮位退不净现象。

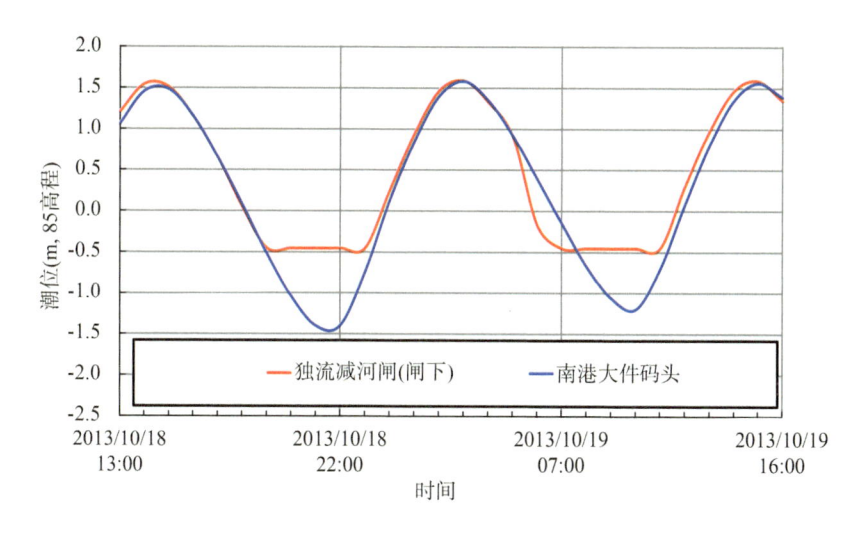

图 4.17　水文测验期间独流减河口通道内大潮潮位过程对比

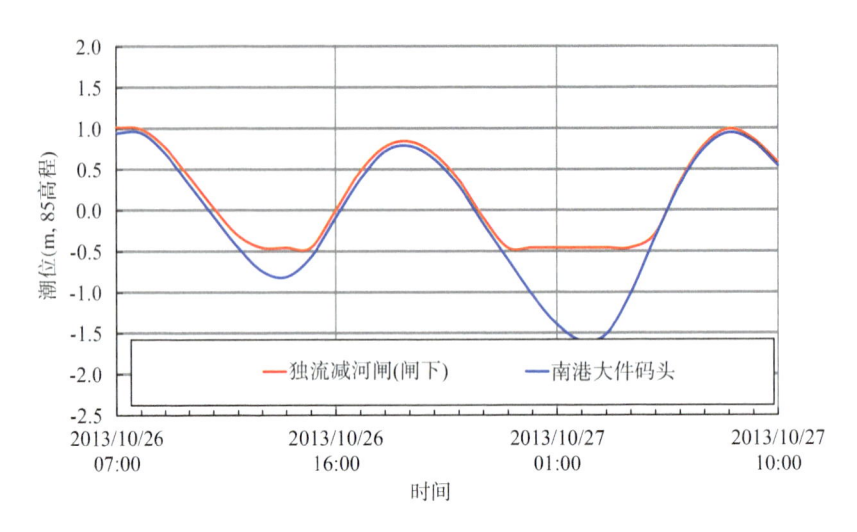

图 4.18　水文测验期间独流减河口通道内小潮潮位过程对比

为此，南京水利科学研究院于 2014 年 10 月—11 月对该河口通道内的潮位又进行了为期一个月的潮位观测，得到了独流减河新河口、南港大件码头和独流减河闸(闸下)3 个站位的潮位资料。三站位潮位特征值统计见表 4.14 和表 4.15，大、小潮潮位过程线见图 4.19 和图 4.20。大潮期间，闸下较河口处的高潮位壅高了 0.19~0.20 m；小潮期间，高潮位则壅高了 0.16~0.19 m。

通过对永定新河口、海河口和独流减河口通道内实测潮位的分析，三个河口通道内均存在潮波变形现象，最高、最低水位表现为由外海向防潮闸闸下逐渐增高。

表 4.14　2014 年 11 月独流减河口通道实测大潮潮位特征值统计

大潮							
独流减河新河口		南港大件码头		独流减河闸(闸下)		差值(m)
时间	高低潮位(m)	时间	高低潮位(m)	时间	高低潮位(m)	
2014/11/07 15:02	1.23	2014/11/07 15:07	1.36	2014/11/07 15:00	1.43	0.20
2014/11/08 03:39	1.48	2014/11/08 03:46	1.61	2014/11/08 03:40	1.67	0.19
2014/11/08 15:26	1.33	2014/11/08 15:32	1.44	2014/11/08 15:32	1.53	0.20

注：差值＝独流减河闸(闸下)潮位－独流减河新河口潮位。

表 4.15　2014 年 11 月独流减河口通道实测小潮潮位特征值统计

小潮							
独流减河新河口		南港大件码头		独流减河闸（闸下）		差值(m)
时间	高低潮位(m)	时间	高低潮位(m)	时间	高低潮位(m)	
2014/11/14 08:04	1.47	2014/11/14 07:51	1.59	2014/11/14 07:50	1.66	0.19
2014/11/14 19:08	0.90	2014/11/14 19:08	1.02	2014/11/14 19:00	1.09	0.19
2014/11/15 08:24	1.04	2014/11/15 08:14	1.17	2014/11/15 08:27	1.22	0.16
2014/11/15 20:14	0.76	2014/11/15 20:17	0.87	2014/11/15 20:08	0.93	0.17

注：差值＝独流减河闸（闸下）潮位－独流减河新河口潮位。

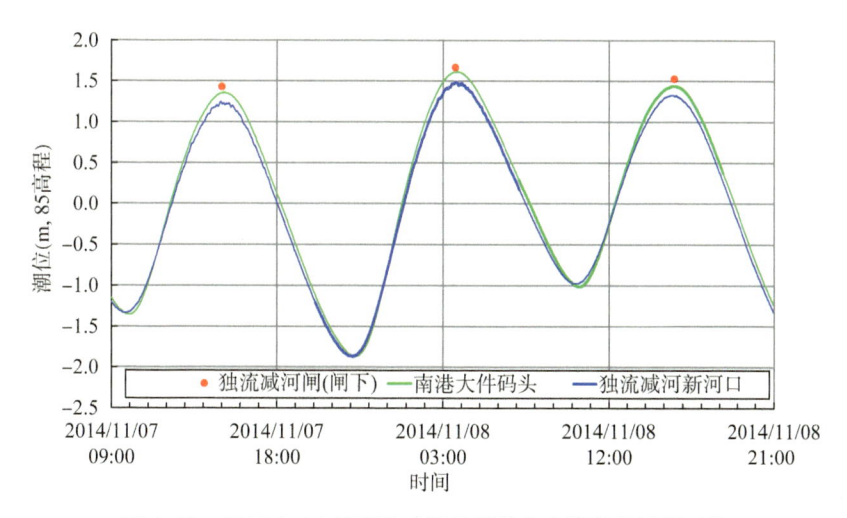

图 4.19　2014 年 11 月独流减河口通道内大潮潮位过程对比

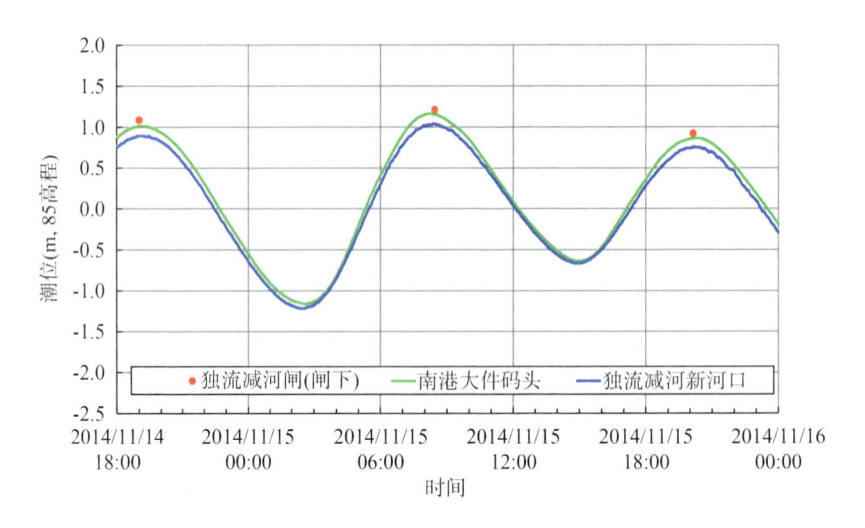

图 4.20 2014 年 11 月独流减河口通道内小潮潮位过程对比

4.2 潮流

4.2.1 曹妃甸海域

根据对曹妃甸海域多次(1996.10、2005.3、2006.3、2006.7、2007.7、2009.4)同步水沙全潮观测结果的分析,发现该海域潮流基本呈往复流运动,涨潮西流,落潮东流,潮流受地形控制明显,近岸水域及甸头附近的潮流具有顺岸或沿等深线方向运动的特点(图 4.21~图 4.23)。涨潮时,水体基本呈自东向西运动,随着潮位的升高,涨潮水体首先充填曹妃甸浅滩东侧的众多潮沟,随后淹没浅滩北侧部分,与此同时潮流绕过甸头进入西侧潮沟(接岸大堤建成之前,东、西两侧潮沟内的涨潮流在大堤附近汇合)。由于受到甸头及其北侧大片浅滩滩面阻力的影响,加之滩面水深较小,致使滩面过流的流速较小。落潮时,水体基本呈自西向东运动,随着潮位的降低,浅滩高处出露,滩面上的水体逐渐归槽,浅滩两侧潮沟内的水体也逐渐汇入甸头两侧的深槽水域,其中甸头西侧滩面的落潮归槽水流与外海深槽的落潮水流汇合,并绕过甸头与东侧潮沟的落潮水流汇合。流速具有通道深槽和潮沟处流速较大、岸滩附近与外海流速稍小的分布规律。其中,曹妃甸前沿通道深槽受甸头岬角效应影响明显,成为本海域的潮流最强区。

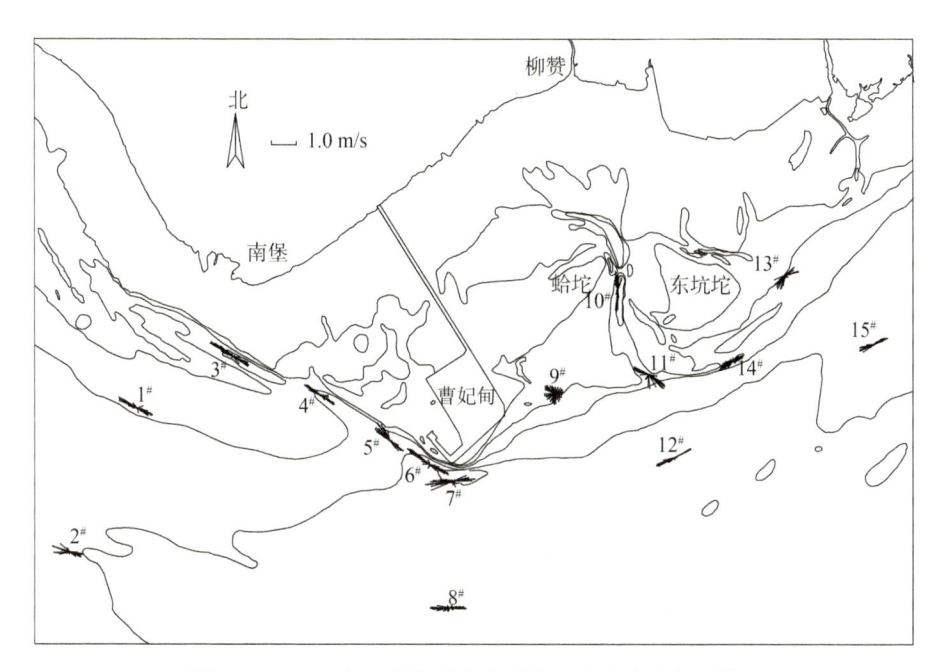

图 4.21　2006 年 3 月冬季大潮垂线平均流速流向矢量图

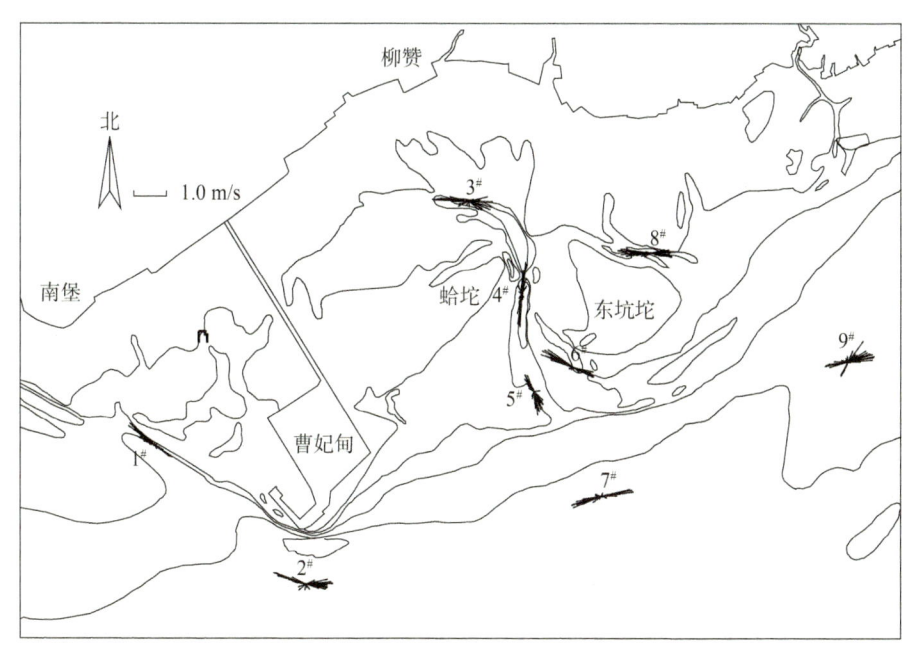

图 4.22　2007 年 7 月夏季大潮垂线平均流速流向矢量图

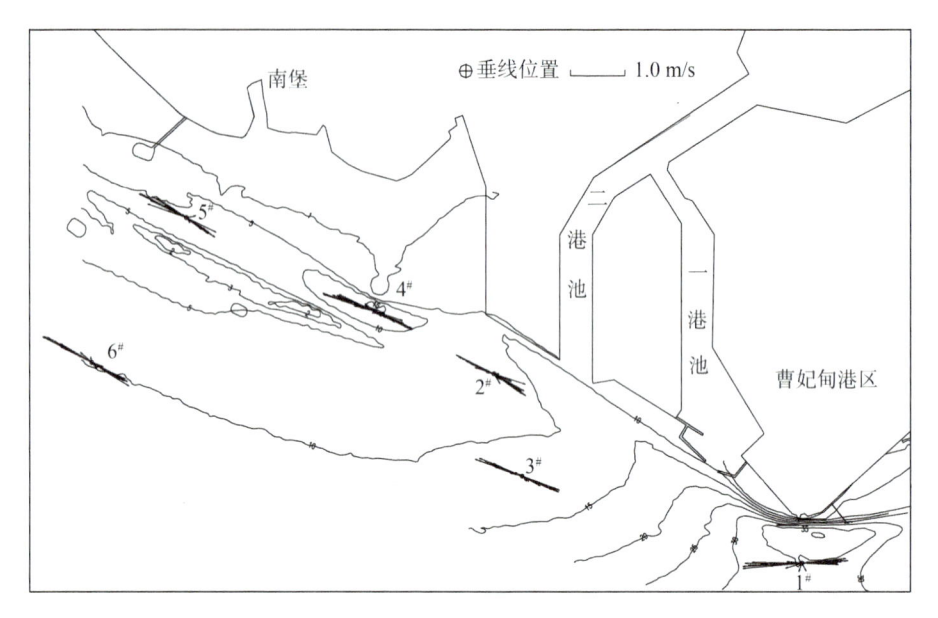

图 4.23　2009 年 4 月夏季大潮垂线平均流速矢量图

该海域潮流具有较明显的驻波特征(图 4.24)。高潮时刻前后潮流最弱,随着潮位下降,落潮流增强,至高潮后 2～3 h 左右落潮流最强;尔后,落潮流随潮位下降而逐渐减弱,至低潮时刻前后落潮流减至最弱。此后,随着潮位的上涨开始转为涨潮流,至低潮后 2～3 h 左右涨潮流增至最强;接着,涨潮流又逐渐减弱,至高潮时刻涨潮流减至最弱。至此,完成一个潮汐周期的循环。每日有两个这样的潮流过程,一强一弱,周而复始。从平均流速来看,大潮期间的平均流速明显大于小潮期间的平均流速。据多年实测资料统计,该海域大潮涨潮平均流速为 0.40～0.60 m/s,落潮为 0.30～0.50 m/s;小潮涨潮平均流速为 0.25～0.40 m/s,落潮为 0.20～0.35 m/s。大潮期间,除老龙沟深槽内落潮流占优势外,其他测站均以涨潮流占优势;小潮期间,涨、落潮流速则大致相当。可见,该海域潮流速度总体呈现随潮差增大而增大、涨潮流速大于落潮流速的变化规律。

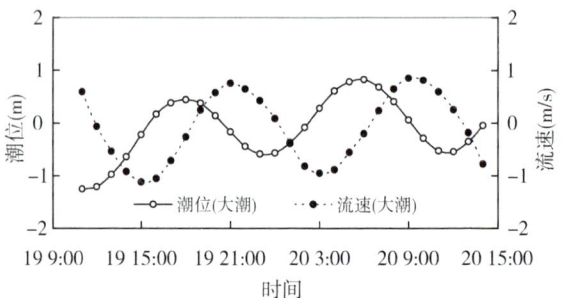

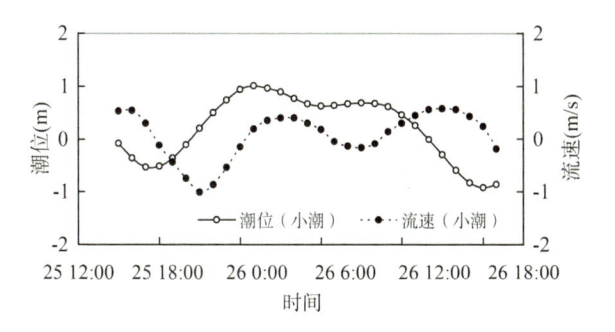

图 4.24 曹妃甸甸头前沿潮位与潮流过程曲线

从该海域平均流速的空间分布来看,无论是大潮还是小潮期间,均具有通道深槽和潮沟处流速较大、岸滩附近与外海流速稍小的分布规律(表 4.16 和表 4.17)。其中,曹妃甸南侧潮汐通道深槽受甸头岬角效应影响明显,成为本海域的潮流最强区,这也是深槽水深得以维持的主要动力因素。如深槽内的 7$^\#$ 垂线,2006 年 3 月大潮(潮差 1.7 m)实测涨潮流速最大为 1.24 m/s,垂线平均最大流速为 1.13 m/s;2006 年 7 月大潮(潮差 2.1 m)实测涨潮流速最大为 1.92 m/s,垂线平均最大流速为 1.41 m/s。此外,曹妃甸东侧老龙沟潮汐通道深槽内的水流也较强,其涨、落潮水流受地形约束,流向集中,流速较大。沙岛与海岸间的大片浅滩区以漫滩水流为主,高潮位时虽可被淹没但一般情况下水深较小,潮流速度因漫滩水流动能大部分被摩阻损耗而较小。浅滩区漫滩水流的汇集与分散是维持老龙沟深槽水深的主要动力。

从涨、落潮流的历时来看,曹妃甸海域具有从西往东涨潮流历时逐渐递增,而落潮流历时逐渐递减的变化规律。由 2006 年 3 月的统计结果可知(表 4.18),大潮期间,以 7$^\#$、8$^\#$ 测站为分界点,其西侧海域(1$^\#$~6$^\#$ 测站)平均涨潮流历时为 5 h 52 min,明显短于落潮流历时 6 h 19 min,其东侧海域(9$^\#$~15$^\#$ 测站)平均涨潮流历时为 6 h 33 min,则明显长于落潮流历时 5 h 35 min。小潮期间,分界点则从甸头移至东坑坨附近,其以西海域各测站涨潮流历时明显短于落潮流历时,以东海域则反之。

据各测站单宽潮量的计算结果分析(表 4.18),大潮期间,除甸头东侧老龙沟内(10$^\#$、11$^\#$ 测站)落潮量略大于涨潮量之外,该海域其他测站均表现为涨潮量大于落潮量。

表 4.16 2006 年 3 月冬季大潮流速、流向特征值统计

垂线号	涨潮 垂线平均 V(m/s)	A(°)	平均最大 V(m/s)	A(°)	实测最大 测层	V(m/s)	A(°)	落潮 垂线平均 V(m/s)	A(°)	平均最大 V(m/s)	A(°)	实测最大 测层	V(m/s)	A(°)
1#	0.50	295	0.87	300	表层	0.94	290	0.41	112	0.68	112	表层	0.84	111
2#	0.42	279	0.76	288	表层	0.92	292	0.33	108	0.56	99	表层	0.70	94
3#	0.60	301	1.09	299	0.2H	1.28	306	0.44	118	0.72	118	表层	0.86	120
4#	0.48	305	0.83	302	0.2H	0.90	302	0.39	118	0.61	122	表层	0.70	118
5#	0.49	319	0.86	324	表层	0.94	322	0.41	130	0.68	126	表层	0.80	132
6#	0.66	305	1.09	305	0.4H	1.22	300	0.53	117	0.86	118	0.6H	0.90	112
7#	0.63	261	1.13	263	0.2H	1.24	262	0.50	84	0.89	85	表层	0.94	86
8#	0.46	267	0.79	270	表层	0.86	270	0.39	90	0.65	92	表层	0.74	86
9#	0.31	301	0.49	307	表层	0.52	328	0.20	111	0.43	181	表层	0.46	172
10#	0.41	358	0.74	352	表层	0.78	358	0.51	184	0.86	185	表层	1.00	176
11#	0.44	291	0.67	289	0.2H	0.80	293	0.51	131	0.83	132	表层	0.98	137
12#	0.49	246	0.85	247	表层	0.92	248	0.40	62	0.70	62	表层	0.86	66
13#	0.38	212	0.63	211	表层	0.74	228	0.33	64	0.56	76	表层	0.64	66
14#	0.41	242	0.69	238	表层	0.80	234	0.29	63	0.46	65	表层	0.54	68
15#	0.39	251	0.66	247	表层	0.78	252	0.34	63	0.60	67	表层	0.74	76

第 4 章 潮汐潮流特性

表 4.17 2006 年 7 月夏季大潮流速、流向特征值统计

垂线号	涨潮 垂线平均 V(m/s)	涨潮 垂线平均 A(°)	涨潮 平均最大 V(m/s)	涨潮 平均最大 A(°)	涨潮 实测最大 测层	涨潮 实测最大 V(m/s)	涨潮 实测最大 A(°)	落潮 垂线平均 V(m/s)	落潮 垂线平均 A(°)	落潮 平均最大 V(m/s)	落潮 平均最大 A(°)	落潮 实测最大 测层	落潮 实测最大 V(m/s)	落潮 实测最大 A(°)
1#	0.49	281	0.99	291	表层	1.28	292	0.43	103	0.67	99	表层	0.78	104
2#	0.47	288	0.97	285	表层	1.28	290	0.34	102	0.72	118	0.2H	0.84	120
3#	0.63	286	1.22	299	表层	1.46	304	0.41	107	0.69	110	表层	0.96	118
4#	0.54	273	1.05	293	表层	1.24	292	0.51	109	0.79	108	表层	0.96	118
5#	0.51	269	1.04	309	表层	1.22	306	0.47	126	0.80	126	表层	1.00	128
6#	0.70	279	1.23	284	表层	1.48	272	0.62	99	0.91	91	0.4H	1.08	103
7#	0.73	253	1.41	251	表层	1.92	248	0.58	94	0.92	80	0.6H	1.02	79
8#	0.49	261	0.97	265	0.2H	1.18	270	0.42	90	0.73	77	0.4H	0.86	88
9#	0.40	243	0.67	278	0.2H	0.78	276	0.41	76	0.66	47	表层	0.74	43
10#	0.41	251	1.00	355	0.2H	1.10	354	0.25	184	0.49	186	表层	0.58	196
11#	0.40	313	0.66	312	0.2H	0.70	312	0.38	155	0.81	156	表层	0.88	156
12#	0.43	260	0.97	262	表层	1.42	253	0.48	86	0.82	77	0.4H	0.98	85
13#	0.40	235	0.79	245	表层	1.14	232	0.35	77	0.61	85	0.2H	0.68	96
14#	0.55	234	1.00	235	表层	1.40	240	0.41	79	0.77	58	表层	0.98	50
15#	0.46	240	0.85	248	表层	1.16	230	0.39	81	0.86	61	0.2H	1.06	70

087

表 4.18　2006 年 3 月冬季大潮单宽流量与单宽潮量统计

垂线	涨潮 历时 (h:min)	涨潮 单宽流量 [m³/(s·m)]	涨潮 单宽潮量 (万 m³/m)	涨潮 方向 (°)	落潮 历时 (h:min)	落潮 单宽流量 [m³/(s·m)]	落潮 单宽潮量 (万 m³/m)	落潮 方向 (°)	全潮净潮量(万 m³/m)
1#	5:31	11.62	23.11	295	6:39	9.62	23.05	112	0.06
2#	5:48	16.44	34.47	279	6:22	12.95	29.77	108	4.70
3#	6:00	14.72	32.14	301	6:11	10.95	24.42	118	7.72
4#	6:03	9.81	21.45	305	6:11	8.06	17.97	118	3.48
5#	5:58	16.99	36.37	319	6:12	14.31	32.14	129	4.23
6#	5:52	39.40	83.20	305	6:19	31.28	71.36	117	11.84
7#	6:31	49.07	116.64	261	5:42	37.99	77.45	84	39.19
8#	5:59	26.54	57.17	266	6:05	22.17	48.73	90	8.44
9#	6:47	3.11	7.63	304	5:25	1.98	3.88	107	3.75
10#	6:26	13.12	30.45	358	5:38	15.23	30.94	184	−0.49
11#	6:05	6.26	13.73	291	6:10	7.01	15.69	130	−1.96
12#	6:29	26.68	62.27	246	5:33	21.74	43.75	62	18.52
13#	6:43	5.47	13.24	212	5:27	4.54	8.95	64	4.29
14#	6:40	5.80	13.91	241	5:29	4.17	8.25	63	5.66
15#	6:37	14.40	34.31	251	5:21	12.19	23.54	63	10.77

注：净潮量以涨潮流方向为正、落潮流方向为负。

4.2.2　北疆电厂海域

2005 年 5 月在北疆电厂工程海域布设了 6 个测点，得到了实测大、小潮表层和垂线平均流速值，见表 4.19。图 4.25 为该次测验大潮垂线平均流速矢量图，这些实测资料反映出的工程区潮流主要特征如下。

各站潮流因受海湾地形的制约，涨、落潮流主流向大致呈 NNW～SSE 向；各站潮流皆按顺时针方向旋转，其中近岸的 1#、3# 站表现为旋转流型，其余各站基本表现为往复流型。

各站的涨潮流速明显大于落潮流速，垂线分布上大多数测站垂线平均流速比表层平均流速略小；空间上，离岸越远（水深越大），涨、落潮流速越大。大潮涨、落潮垂线平均流速为 0.15～0.40 m/s。小潮潮流与大潮潮流相比，运动形式相同，但其平均流速明显较小，约为大潮流速的 0.6～0.7 倍。大、小潮期间实测涨、落潮最大流速均出现在 6# 测点表层，大潮期间为 0.82 m/s、0.62 m/s，小潮期间为 0.56 m/s、0.34 m/s。

表 4.19　实测涨、落潮表层/垂线平均流速值　　　　　　　单位：m/s

测站	大潮 涨潮	大潮 落潮	小潮 涨潮	小潮 落潮
1#	0.23/0.20	0.16/0.17	0.20/0.19	0.17/0.17
2#	0.33/0.30	0.24/0.23	0.22/0.20	0.18/0.15
3#	0.19/0.23	0.15/0.15	0.16/0.14	0.11/0.10
4#	0.35/0.31	0.26/0.25	0.24/0.23	0.18/0.18
5#	0.32/0.31	0.30/0.27	0.29/0.24	0.19/0.17
6#	0.35/0.40	0.38/0.30	0.31/0.29	0.19/0.19

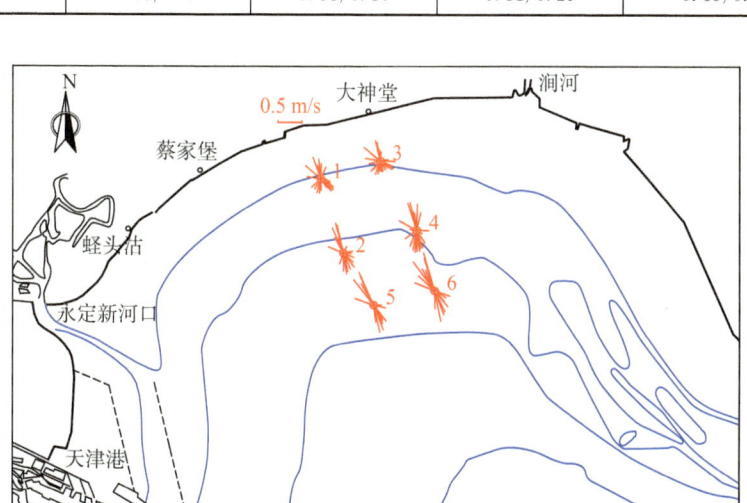

图 4.25　2005 年 5 月 25 日—26 日实测大潮垂线平均流速矢量图

4.2.3　永定新河口海域

2005 年的水文测验在河口区大、中、小潮 7 个测站进行了流速测量，垂线平均流速矢量见图 4.26～图 4.28（1# 测站位于河道内，矢量未予标示），各测站垂线最大和平均流速值见表 4.20。这次的实测资料反映出工程区潮流主要特征为：(1) 河口区潮流基本表现为往复流，涨、落潮流的主流向大致呈 NW～SE 向。受河口南侧天津港东疆港区围埝内纳潮水量的影响，其口门附近的 3# 测点流向变化较大，2# 测点则受河道主槽和围埝内纳潮水量的双重影响。(2) 从各测站的最大流速和平均流速看，涨潮流明显强于落潮流，离岸越远流速越小。

图 4.26　2005 年 4 月 23 日—24 日永定新河口区实测大潮垂线平均流速矢量图

图 4.27　2005 年 4 月 26 日—27 日永定新河口区实测中潮垂线平均流速矢量图

图 4.28 2005 年 4 月 16 日—17 日永定新河口区实测小潮垂线平均流速矢量图

表 4.20 2005 年实测涨、落潮最大/平均流速值　　　　单位：m/s

测站	大潮 涨潮	大潮 落潮	中潮 涨潮	中潮 落潮	小潮 涨潮	小潮 落潮
1#	0.77/0.54	0.57/0.40	0.93/0.58	0.70/0.38	0.65/0.39	0.53/0.23
2#	0.49/0.32	0.28/0.14	0.64/0.23	0.40/0.16	0.62/0.18	0.18/0.12
3#	0.56/0.34	0.41/0.25	0.68/0.45	0.50/0.30	0.51/0.24	0.46/0.27
4#	0.41/0.26	0.26/0.21	0.39/0.29	0.31/0.22	0.34/0.21	0.21/0.15
6#	0.77/0.38	0.53/0.32	0.55/0.38	0.38/0.19	0.47/0.28	0.35/0.19
7#	0.50/0.30	0.42/0.28	0.62/0.32	0.52/0.30	0.37/0.20	0.37/0.19
8#	0.42/0.28	0.31/0.20	0.55/0.37	0.31/0.19	0.44/0.20	0.27/0.20

2010 年 4 月，南京水利科学研究院在永定新河口海域开展了现场水文测量工作，获得该海域 8 点同步大、小潮潮流资料，图 4.29 和图 4.30 分别为大、小潮垂线平均流速矢量图。表 4.21 对各点最大和平均流速进行了统计。与以往测验不同的是，永定新河口两岸的围海工程已初具规模，原始海岸线正被人工岸线逐步取代，这种变化主要反映在近岸水域流速、流向会受到建筑物的影

响。该海域潮流主要特征为：外海潮流性质为往复流，涨、落潮流的主流向大致呈 NW～SE 向，近岸则受建筑物的影响；从各测站的流速上看，涨潮流强于落潮流，涨潮最大流速为 0.48 m/s，落潮最大流速为 0.38 m/s，潮流平均流速为 0.07～0.25 m/s。

图 4.29　2010 年 4 月 16 日—17 日永定新河口区实测大潮垂线平均流速矢量图

图 4.30　2010 年 4 月 24 日—25 日永定新河口区实测小潮垂线平均流速矢量图

表 4.21　2010 年 4 月实测涨、落潮最大/平均流速值　　　　单位:m/s

测站	大潮 涨潮	大潮 落潮	小潮 涨潮	小潮 落潮
1#	0.14/0.05	0.07/0.03	0.06/0.03	0.09/0.02
2#	0.30/0.15	0.25/0.14	0.28/0.15	0.18/0.08
3#	0.42/0.19	0.23/0.16	0.29/0.16	0.18/0.11
4#	0.41/0.22	0.24/0.14	0.34/0.13	0.16/0.07
5#	0.48/0.25	0.30/0.15	0.40/0.20	0.23/0.13
6#	0.36/0.17	0.38/0.18	0.29/0.17	0.16/0.09
7#	0.48/0.21	0.25/0.15	0.38/0.18	0.24/0.13
8#	0.38/0.16	0.20/0.13	0.32/0.20	0.23/0.10

4.2.4　海河口海域

2008 年 8 月的海河口专题水文测验共布置了 8 条垂线,见图 4.31 和图 4.32,其中最远点 8# 到航道里程 24 km,约至 11 m 等深线。各测站最大和平均流速值见表 4.22。这次的实测资料反映出工程区潮流主要特征为:外海潮流的涨潮流速大于落潮流速、外海流速大于近岸流速,大潮较小潮体现得尤为明显;近岸受河口及建筑物的影响,涨、落潮流速大小差别缩小。潮流性质基本为往复流,涨、落潮流总体呈 WNW～ESE 向运动,邻近建筑物测点的流速、方

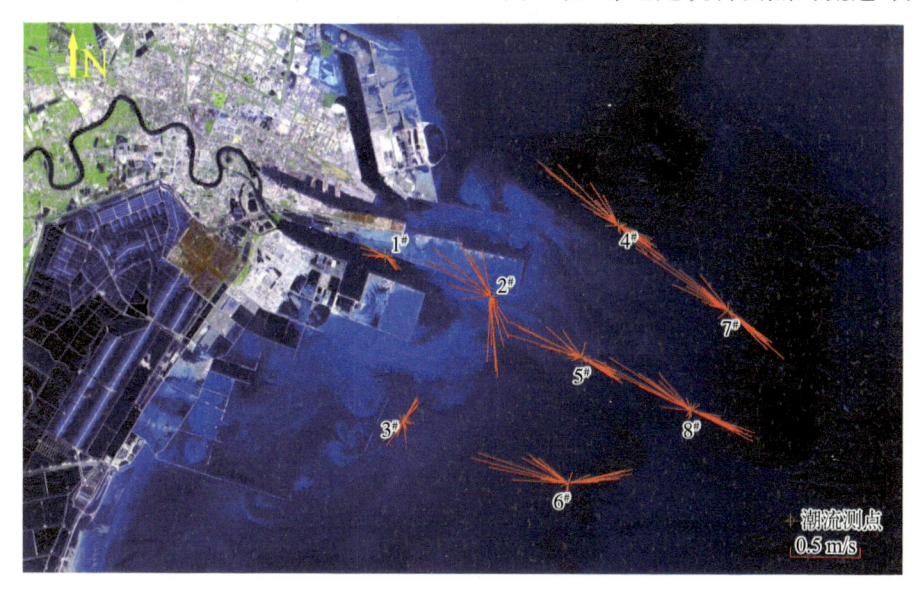

图 4.31　海河口 2008 年 8 月实测大潮垂线平均流速矢量图

向受建筑物影响。潮流动力相对较弱，大潮涨、落潮平均流速小于 0.36 m/s 和 0.30 m/s，涨、落潮最大流速分别小于 0.78 m/s 和 0.56 m/s。

图 4.32　海河口 2008 年 8 月实测小潮垂线平均流速矢量图

表 4.22　海河口 2008 年 8 月实测涨、落潮最大/平均流速值　　单位：m/s

测站	大潮 涨潮	大潮 落潮	小潮 涨潮	小潮 落潮
1#	0.20/0.09	0.15/0.07	0.11/0.06	0.11/0.05
2#	0.51/0.27	0.56/0.26	0.31/0.18	0.48/0.20
3#	0.21/0.12	0.20/0.09	0.20/0.10	0.23/0.10
4#	0.72/0.3	0.42/0.23	0.35/0.18	0.35/0.17
5#	0.56/0.26	0.34/0.21	0.36/0.17	0.26/0.15
6#	0.71/0.34	0.46/0.28	0.38/0.2	0.34/0.18
7#	0.78/0.36	0.52/0.30	0.41/0.22	0.38/0.18
8#	0.75/0.36	0.48/0.27	0.40/0.21	0.39/0.17

4.2.5 独流减河口海域

南京水利科学研究院分别于2009年5月—6月和2011年6月进行了南港工业区海域现场9点同步专题水文观测。2009年南港工业区防波堤和围堤尚未形成,2011年水文测验期间南港北防波堤和独流减河口南侧围堤建设已基本完成,仅在南防潮堤(围堤)东端留有约1 000 m缺口供工作船进出,见图4.33和图4.34,南港港区口门防波堤则建至离东堤2 000 m处,港区内不同地点有疏浚作业。4#和7#测点处于南港围堤范围内,2011年测验时移至邻近水域,其他测点位置保持不变。

图 4.33 独流减河口海域 2009 年和 2011 年大潮流速矢量图

两次测量的流速特征值见表4.23。由图表可以看出,受南港工业区工程的影响,4#测点(口门处)流速变化较大,涨、落潮最大流速达1.36 m/s,5#测点位于南港工业区东堤附近,流速明显减小,其余各点流速大小变化不大。

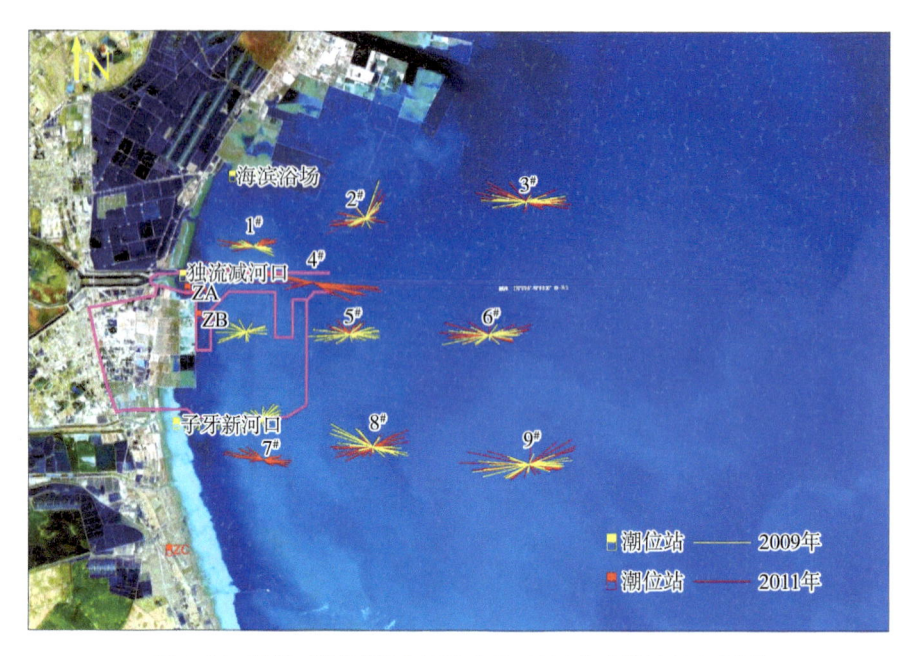

图 4.34　独流减河口海域 2009 年和 2011 年小潮流速矢量图

表 4.23　独流减河口海域 2009 年、2011 年实测潮流特征流速　　　单位:m/s

测站	大潮				小潮			
	最大流速		全潮平均流速		最大流速		全潮平均流速	
	2009 年	2011 年	2009 年	2011 年	2009 年	2011 年	2009 年	2011 年
1#	0.41	0.47	0.16	0.17	0.22	0.33	0.12	0.14
2#	0.52	0.46	0.18	0.19	0.34	0.31	0.12	0.17
3#	0.68	0.64	0.26	0.26	0.39	0.44	0.18	0.24
4#	0.41	1.36	0.16	0.52	0.27	0.96	0.14	0.43
5#	0.60	0.37	0.22	0.13	0.36	0.20	0.18	0.11
6#	0.62	0.67	0.27	0.27	0.41	0.43	0.20	0.22
7#	0.45	0.52	0.16	0.20	0.30	0.36	0.14	0.17
8#	0.61	0.61	0.26	0.23	0.40	0.36	0.21	0.20
9#	0.74	0.72	0.31	0.32	0.49	0.61	0.25	0.30

根据对两次潮流观测资料的分析,南港工业区海域潮流运动具有如下特点:涨、落潮流向较为集中,基本表现为垂直于岸线的往复流运动;近岸或建筑

物附近,局部流向受约束发生偏转。流速值与离岸距离呈正比关系,即离岸越远,垂线流速值越大,除 4# 测点受建筑物影响外,其余各测点大、小潮最大流速分别在 0.74 m/s 和 0.61 m/s 以内。

4.2.6 2013 年渤海湾大范围水文测验潮流资料

南京水利科学研究院于 2013 年 10 月 18 日—19 日、10 月 26 日—27 日进行了渤海湾大范围水文测验工作,首次获得了 22 条垂线的潮流同步资料,潮流测点布置示意图见图 4.6。图 4.35 和图 4.36 分别为大、小潮流速矢量图,其中 1Y~5Y 测点位于永定新河口海域、1H~5H 测点位于海河口海域、1D~5D 测点位于独流减河口海域、1B~7B 测点位于渤海湾水深相对较深的海域,各潮流测点的特征流速见表 4.24。从图表中可以看出:

(1) 在永定新河口海域,潮流基本表现为往复流,涨、落潮流的主流方向大致呈 NW~SE 向,河口通道内 1Y 测点主流方向呈 NW~SE 向。从各测点的涨潮平均流速和落潮平均流速来看,涨潮流明显大于落潮流,离岸越远流速越大,比如 3Y 和 5Y 测点的大潮涨潮平均流速分别为 0.30 m/s 和 0.41 m/s,大潮落潮平均流速分别为 0.24 m/s 和 0.35 m/s;2Y 和 4Y 测点的大潮涨潮平均流速分别为 0.26 m/s 和 0.31 m/s,大潮落潮平均流速分别为 0.19 m/s 和 0.23 m/s。各测点的大潮流速大于小潮流速。

(2) 在海河口海域,潮流也基本呈现往复流运动形态,各测点涨、落潮主流方向大体呈现 WNW~ESE 向,其中 3H 测点主流方向呈现 W~E 向。涨潮流强于落潮流,测点离岸越远流速越大,且大潮流速大于小潮流速。

(3) 独流减河口海域,潮流同样表现为往复流,各测点涨、落潮主流方向大体呈现 W~E 向,4D 测点主流方向呈现 WSW~ENE 向,各测点涨潮流强于落潮流,除 1D 测点在通道内流速较大外,其余各测点基本表现为离岸越远流速越大,大潮流速同样大于小潮流速。

(4) 在渤海湾深水区域的 1B~7B 测点,流态呈现形式各不相同,1B、2B 和 3B 测点为旋转流,4B 测点为 WNW~ESE 向的往复流,5B、6B 和 7B 测点的主流为 W~E 向的偏旋转流,各测点涨潮流强于落潮流,位于深水区 4B~7B 测点的流速要大于 1B~3B 测点的流速,且大潮流速大于小潮流速。

从空间分布来看,深水区 1B~7B 测点的流速较近岸河口区海域测点的流速大。海河口各测点的平均流速相对于永定新河口及独流减河口的要大一些,永定新河口较独流减河口各测点的平均流速略大些。

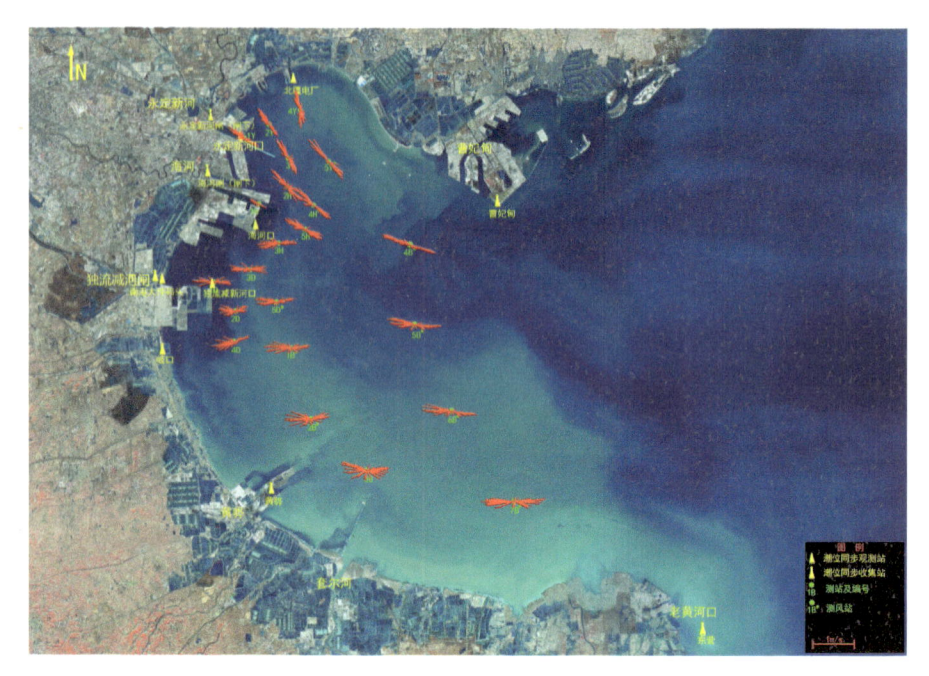

图 4.35　2013 年 10 月 18 日—19 日大潮流速矢量图

图 4.36　2013 年 10 月 26 日—27 日小潮流速矢量图

表 4.24　2013 年 10 月渤海湾大范围水文测验实测潮流特征流速　　单位：m/s

测点	大潮 全潮最大	大潮 涨潮平均	大潮 落潮平均	大潮 全潮平均	小潮 全潮最大	小潮 涨潮平均	小潮 落潮平均	小潮 全潮平均
1Y	0.47	0.25	0.22	0.23	0.40	0.27	0.19	0.21
2Y	0.45	0.26	0.19	0.21	0.36	0.24	0.18	0.18
3Y	0.52	0.30	0.24	0.27	0.43	0.27	0.17	0.20
4Y	0.48	0.31	0.23	0.26	0.41	0.25	0.18	0.20
5Y	0.70	0.41	0.35	0.36	0.57	0.39	0.30	0.30
1H	0.23	0.16	0.11	0.13	0.18	0.14	0.09	0.10
2H	0.56	0.31	0.25	0.28	0.46	0.31	0.24	0.23
3H	0.50	0.34	0.29	0.31	0.42	0.30	0.23	0.23
4H	0.60	0.36	0.30	0.32	0.51	0.31	0.25	0.24
5H	0.54	0.34	0.29	0.31	0.42	0.29	0.23	0.22
1D	0.52	0.27	0.29	0.28	0.45	0.30	0.16	0.21
2D	0.41	0.28	0.20	0.22	0.29	0.20	0.17	0.16
3D	0.50	0.31	0.26	0.27	0.37	0.23	0.21	0.19
4D	0.54	0.33	0.26	0.27	0.43	0.26	0.21	0.19
5D	0.50	0.33	0.29	0.31	0.46	0.30	0.22	0.22
1B	0.63	0.41	0.32	0.34	0.51	0.32	0.25	0.24
2B	0.64	0.40	0.31	0.34	0.53	0.38	0.23	0.26
3B	0.62	0.44	0.38	0.39	0.51	0.36	0.28	0.30
4B	0.71	0.45	0.40	0.41	0.66	0.41	0.30	0.29
5B	0.68	0.44	0.40	0.40	0.55	0.38	0.29	0.29
6B	0.69	0.48	0.37	0.41	0.65	0.45	0.28	0.30
7B	0.77	0.53	0.43	0.47	0.66	0.47	0.30	0.34

4.3　设计水位推算

4.3.1　塘沽验潮站

采用塘沽 1981—2000 年 20 年逐时实测潮位值绘制潮位历时累积频率曲线，见图 4.37。根据《海港水文规范》中的规定，选用历时累积频率为 1% 的潮位值 427 cm 作为设计高水位、98% 的潮位值 76 cm 作为设计低水位。

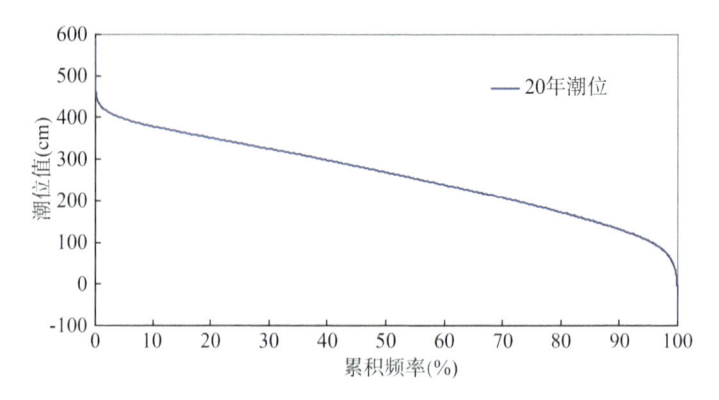

图 4.37　1981—2000 年 20 年潮位历时累积频率曲线

4.3.2　南港工业区验潮站

南京水利科学研究院于 2011 年 6 月至 2012 年 6 月在南港工业区进行了为期一年的潮位监测,自记式水位仪位于建材大件码头处,坐标为 38°45.508′N、117°35.819′E。由《海港水文规范》知可通过累积频率曲线推荐设计水位,同时通过将短期同步差比法与塘沽长期资料建立关系,对设计水位进行校核。

4.3.2.1　累积频率曲线法

海港工程的设计潮位标准有两种方法统计,一是历时累积频率为 1% 和 98% 时的潮位;二是高潮累积频率为 10% 时的潮位和低潮累积频率为 90% 时的潮位。《海港水文规范》规定,对于海岸港和潮汐作用明显的河口港,设计水位应采用第二种方法求得,第一种方法也可采用。故在本书中两种方法均有采用,以对比使用不同方法所得的设计高水位和设计低水位的差别。

表 4.25 为两种方法的推算值(大沽基面)汇总,图 4.38 为采用不同统计方法求得的潮位累积频率曲线。从图表可见,由潮位历时累积频率得出的设计水位值均略高于采用高、低潮位累积频率推求出的结果。

表 4.25　南港工业区设计水位统计值

	逐时潮位历时累积频率		高潮/低潮累积频率	
	1%	98%	10%	90%
设计高水位 (m,大沽基面)	3.37	—	3.33	—
设计低水位 (m,大沽基面)	—	−0.21	—	−0.28

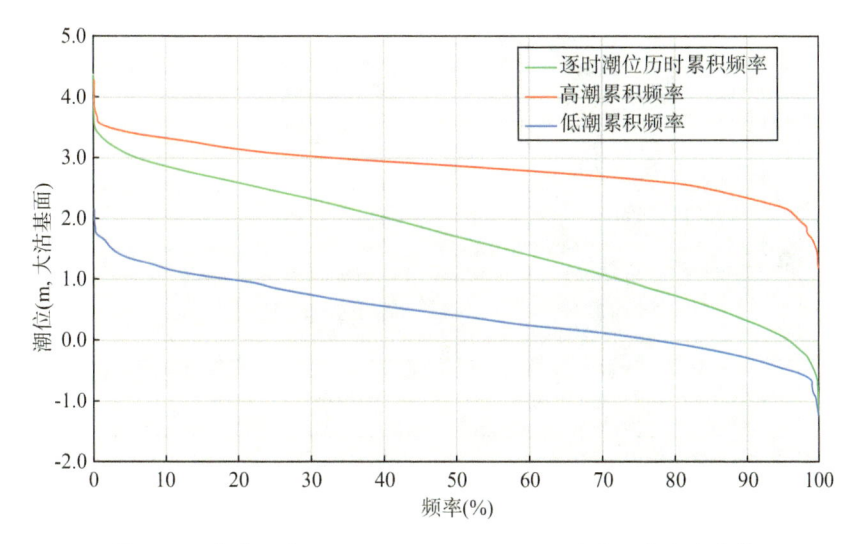

图 4.38　南港工业区 2011.6.10—2012.6.30 潮位累积频率曲线

4.3.2.2　短期同步差比法

按照《海港水文规范》的规定,若有完整的一年或多年实测资料,在确定设计高、低水位时应进行高潮累积频率和低潮累积频率的分析或对逐时潮位累积频率进行分析;若实测资料不足一整年,可采用"短期同步差比法",与附近有一年以上验潮资料的港口或验潮站进行同步相关分析。本节将南港一年实测资料与塘沽(临港工业区潮位站)进行同步差比,以对累积频率推求结果进行校核。

将南港工业区 2011 年 6 月 10 日—2012 年 6 月 30 日历时 387 天的逐时潮位资料与天津临港工业区潮位站的实测同步资料进行比较,统计该时段内的平均潮差、平均海平面等特征值,由短期同步差比法推算得到的南港工业区设计水位值列于表 4.26 中。

将通过以上不同方法推求得到的设计水位汇总于表 4.27 中。其中同步差比推求的设计高水位最大,设计低水位则与低潮累积频率所得值相同。从资料的直接引用角度,建议采用南港实测一年潮位的历时累积频率 1% 和 98% 结果作为设计高和设计低水位的标准,即分别为新港理论基面的 4.37 m 和 0.79 m。

表 4.26　南港工业区一年实测资料与塘沽同步差比

统计或推算项目		塘沽(长期站)	南港工业区
统计资料平均潮差		2.28	2.41
统计资料平均海平面(m,大沽基面)		1.60	1.66
年平均海平面(m,大沽基面)		1.56	1.62
逐时潮位历时累积频率	设计高水位(m,大沽基面)	3.28	3.44
	设计低水位(m,大沽基面)	−0.24	−0.28

表 4.27　南港设计水位

推求方法	逐时潮位历时累积频率	高潮/低潮累积频率	与临港潮位同步差比
设计高水位(m,大沽基面)	3.37(1%)	3.33(10%)	3.44
设计低水位(m,大沽基面)	−0.21(98%)	−0.28(90%)	−0.28

4.4　重现期潮位推算

4.4.1　塘沽验潮站

经收集,塘沽 1961—2010 年共 50 年的年最高潮位见图 4.39,其中第一大值出现在 1992 年 9 月 1 日的 9216 号台风期间,第二大值出现在 1997 年 8 月 20 日的 9711 号台风期间,第三大值出现在 1965 年 11 月 7 日的温带风暴潮期间。年最高潮位一般出现在台风或温带风暴潮期间,即年最高潮位值已包括增水因素影响,故重现期潮位的统计中不再考虑风的影响。

对塘沽 50 年年最高潮位进行极值 I 型(Gumbel)频率分析,见图 4.40。从曲线分布上看,最大的 9216 号台风极值潮位的重现期处于 50 年一遇到 100 年一遇之间,安全起见,认定该极值为 50 年一遇,调整参数使 Gumbel 曲线通过最大点,即为图中适线结果。由此得到塘沽不同重现期极值潮位,列于表 4.28 中,建议滨海旅游区采用此表中数据。

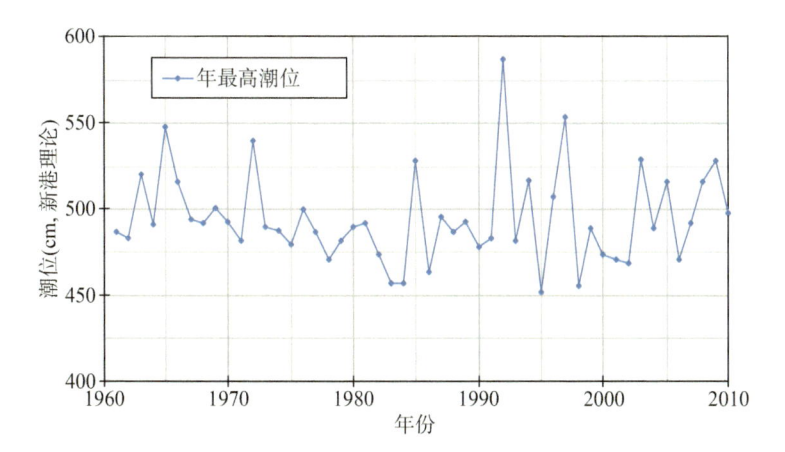

图 4.39　塘沽 1961—2010 年极值潮位

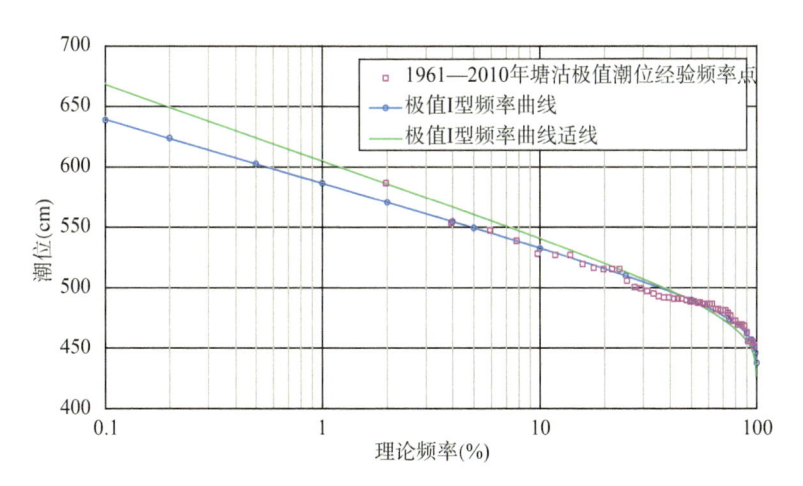

图 4.40　塘沽站 50 年年最高潮位的极值频率分析

表 4.28　塘沽 1961—2010 年极值潮位序列的重现期潮位值

重现期(年)	极值Ⅰ型分布		极值Ⅰ型适线	
	新港理论(m)	85国家高程基准(m)	新港理论(m)	85国家高程基准(m)
200	6.03	3.36	6.25	3.58
100	5.87	3.20	6.06	3.39
50	5.71	3.04	5.87	3.20
25	5.55	2.88	5.67	3.00
20	5.50	2.83	5.61	2.94

续表

重现期(年)	极值Ⅰ型分布		极值Ⅰ型适线	
	新港理论(m)	85国家高程基准(m)	新港理论(m)	85国家高程基准(m)
10	5.34	2.67	5.41	2.74
4	5.11	2.44	5.14	2.47

4.4.2 南港工业区验潮站

南港工业区无长期验潮资料，按照《海港水文规范》的要求，其极端水位需采用"极值同步差比法"与相邻长期站建立关系来推求，且目标站需要拥有不少于连续 5 年的最高潮位和最低潮位资料，目前南港工业区尚不具备这些资料。极端水位的近似计算方法包括在设计水位上加减常数 K 值（极端水位与设计水位之间的差值），还可根据已有实测资料，与塘沽站的同步高高潮位建立相关关系，进而生成南港极值潮位序列，再分析极端水位。

南京水利科学研究院在"天津南港工业区防潮堤工程设计研究"中，采用南港工业区和塘沽站 2011 年 6 月 30 日—2012 年 6 月 30 日的同步高高潮位资料，建立相关关系，见图 4.41。根据相关关系，将塘沽 1961—2010 年的年最高潮位推算至南港工业区，如图 4.42 中所示，南港年极值潮位均高于塘沽。

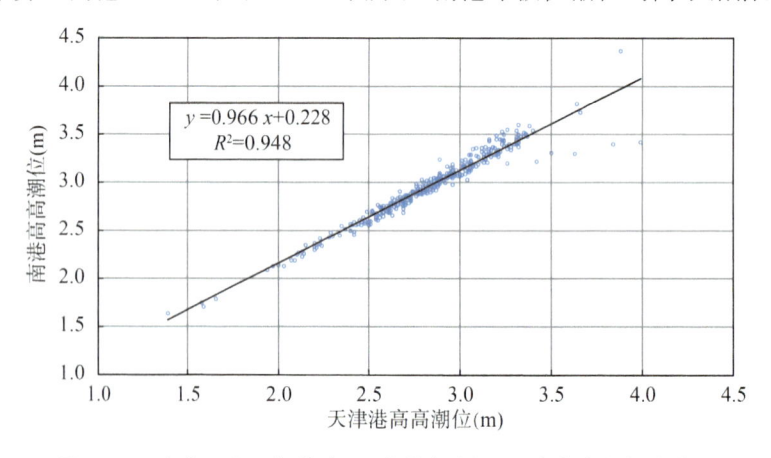

图 4.41 南港工业区与塘沽（天津港东突堤）同步高高潮相关关系

对通过相关分析所得的南港工业区 50 年年最高潮位进行极值Ⅰ型（Gumbel）频率分析，见图 4.43。从曲线分布上看，最大的 9216 号台风极值潮位的重现期处于 50 年一遇到 100 年一遇之间，安全起见，认定该极值为 50 年一遇，调整参数使 Gumbel 曲线通过最大点，即为图中适线结果。由此得到南

第4章 潮汐潮流特性

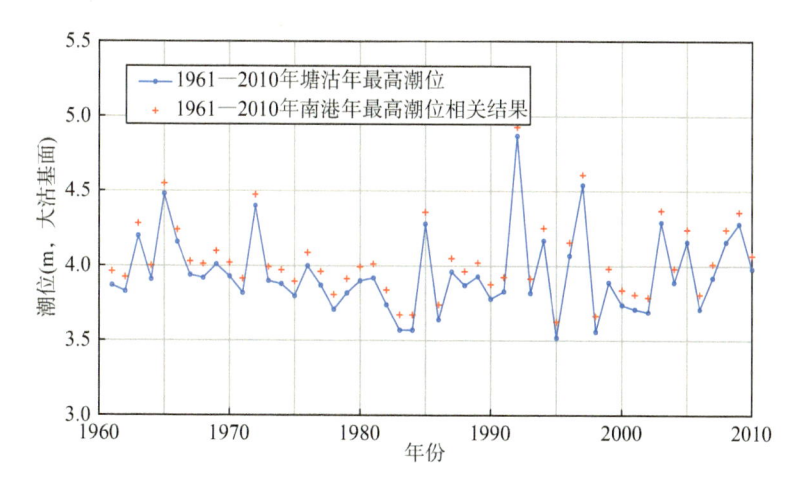

图 4.42 塘沽 1961—2010 年最高潮位与南港相关结果

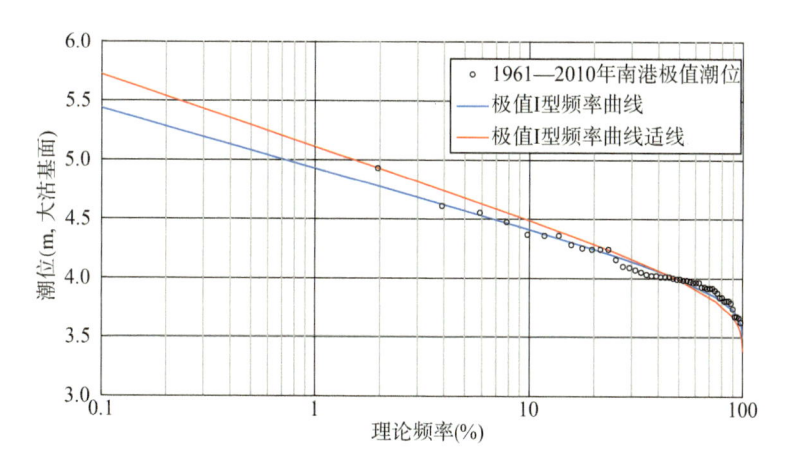

图 4.43 相关所得的南港工业区 50 年年最高潮位的极值频率分析

港工业区不同重现期极值潮位，列于表 4.29 中。对照此表可知，2012 年 8 月发生的"达维"台风最高潮位 4.22 m 相当于 4 年一遇的水平。

表 4.29 南港工业区重现期潮位相关分析统计结果

重现期(年)	极值 I 型适线(m)	
	大沽基面(m)	85 国家高程基准(m)
200	5.30	3.63
100	5.11	3.44
50	4.93	3.26

续表

重现期(年)	极值Ⅰ型适线(m)	
	大沽基面(m)	85国家高程基准(m)
25	4.74	3.07
20	4.68	3.01
10	4.49	2.82
4	4.22	2.55

4.5 本章小结

(1) 渤海湾位于渤海的黄河口和秦皇岛两个无潮点之间,渤海湾围填海工程前,潮汐性质为不正规半日潮。渤海湾沿岸潮差由湾口向湾顶递增,最大潮差出现在永定新河口与独流减河口之间的海域。

(2) 分析了 2013 年渤海湾大范围水文测验潮位资料,渤海湾各地区潮位差别较大,渤海湾湾口南侧的东营港附近最高潮位低、最低潮位高,潮差最小时接近无潮点,湾口东北测的曹妃甸附近潮差次之,渤海湾湾顶附近的独流减河口表现为最高潮位高、最低潮位低、潮差大。此外,独流减河闸(闸下)站址处滩地较高,低潮位时因露滩等因素存在潮位退不净现象。三个河口通道内均存在潮波变形现象,最高、最低水位表现为由外海向防潮闸闸下逐渐增高。河口潮汐涨潮历时短,落潮历时长。

(3) 渤海湾围填海工程实施后,水文测验期间得到的 22 条垂线潮流同步实测资料表明,永定新河口、海河口和独流减河口海域潮流基本表现为往复流,渤海湾深水区域大体表现为旋转流。从空间角度来看,深水区测点的流速较近岸河口区测点的流速大,海河口各测点的平均流速相对于永定新河口及独流减河口的要大一些,永定新河口各测点的平均流速较独流减河口的要略大些。涨潮流强于落潮流。

(4) 根据塘沽验潮站和南港工业区验潮站实测潮位资料进行了设计水位推算,南港工业区的设计高水位高于塘沽地区,其设计低水位则低于塘沽地区。

(5) 收集了塘沽验潮站 50 年年极值潮位序列资料,推算了塘沽地区和南港工业区的重现期潮位,南港工业区的重现期潮位高于塘沽地区,研究成果已运用生产实践。

第 5 章

风暴潮

风暴潮是一种灾害性自然现象,剧烈的大气扰动,如强风和气压骤变(通常指台风和温带气旋等灾害性天气系统)导致海水异常升降,当风暴潮与天文高潮叠加,则会形成较强的破坏力。渤海湾是我国风暴潮灾害最严重的地区之一,一年四季均有发生。由于半封闭海域范围有限、水深较浅,故风暴潮增减水影响十分明显,历史上渤海湾曾多次发生强风暴潮灾害,给社会经济和人民生命财产带来巨大损失。

5.1　1985 年以前概述

根据天津市水利志记载,1890 年至 1985 年间,天津沿海共发生有较大影响的风暴潮 20 次。经统计,发生在 7 月、8 月的次数最多,共计 15 次。望月前后(13 日—17 日)出现 9 次,占总数的 45%;朔月后 2~4 天出现 7 次,占 35%;上、下弦前后各出现 2 次,各占 10%。

5.2　1985 年以来概述

据观测资料知,自 1985 年起共发生了约 16 次受台风和温带气旋影响导致渤海湾发生较严重的风暴潮灾害。

5.3　典型风暴潮

据统计,49(1950—1998 年)年间天津塘沽站 50 cm 以上的风暴增水共出现 3 833 天,平均每年 78 天;这期间 1 m 以上的温带风暴增水共出现 459 天,平均每年 9 天。

根据渤海湾风暴潮历史,最高水位对当地影响是最大的,典型的风暴潮分别是 7203 号台风风暴潮、9216 号台风风暴潮、9711 号台风风暴潮、2003 年 10 月寒潮风暴潮和 1210 号台风风暴潮,对应的台风路径见图 5.1。

5.3.1　7203 号台风(Rita)引起的风暴潮

7203 号强台风发生在 1972 年 7 月份,这次强台风的特点为生命史很长,持续时间自 7 月 5 日—30 日,长达 26 天,路径也很特殊,在洋面上三次打转,两次登陆,是历史上少见的。大风影响范围也较大,势力很强,特别在山东、辽东半岛的东侧沿海及渤海湾等地区最大风力有 9~11 级,其中有些地区的阵风达 12 级。

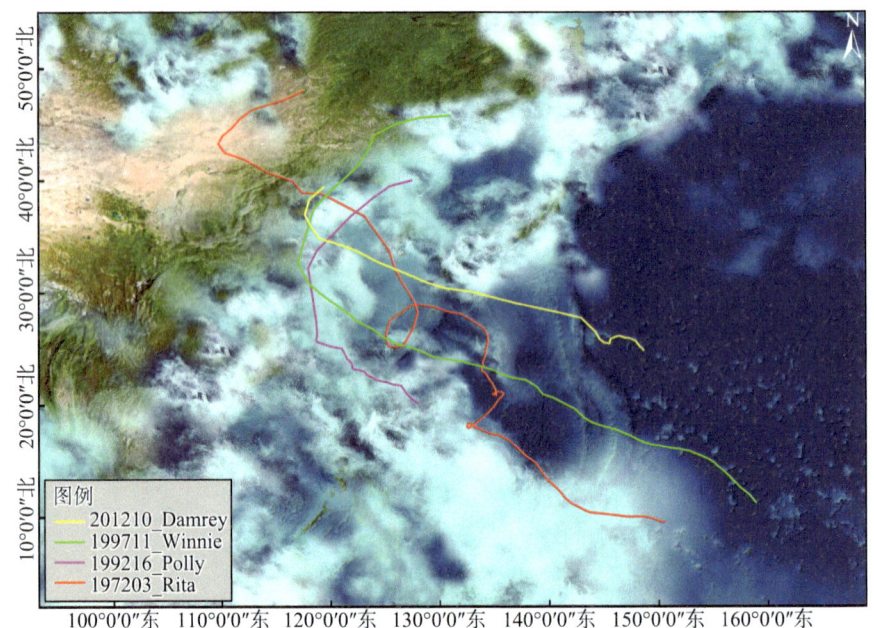

图 5.1 影响渤海湾典型台风路径

5.3.2 9216 号台风(Polly)引起的风暴潮

1992年,由天文大潮和 9216 号强热带风暴(Polly)共同作用引起了 92 特大风暴潮。1992 年 8 月 27 日 20 时,此次风暴中心位于 22.0°N,125.5°E,距台湾 480 公里,8 月 30 日 14 时登陆台湾花莲,中心气压 978 hPa,近中心最大风速 30 米/秒,8 月 31 日 06 时登陆福建长乐县(中心气压 978 hPa,最大风速 25 m/s)。该风暴从生成至登陆台湾、福建一直未达到台风强度,但是风暴的尺度特别大,6 级以上大风影响范围南北纵跨近 2 000 公里。8 月 31 日 20 时,风暴减弱为低气压后沿华东中部缓慢北上,9 月 1 日 14 时其中心位于苏北,此时因受到高空位于我国东北到日本海的高压坝阻挡,使得黄海北部、渤海中南部出现 8~9 级、阵风 10 级的偏东大风。风暴前期影响的福建、浙江、上海、江苏沿海测站的增水一般为 80~140 cm(温州较大,为 208 cm),由于风暴增水持续时间长,又发生在天文大潮期,因此造成闽浙沿海连续几天的大海潮;渤海莱州湾和渤海湾沿岸增水较大,9 月 1 日 23 时山东羊角沟站最大增水为 304 cm,9 月 1 日 16 时塘沽最大增水为 178 cm。

天津市遭到了 1949 年以来最严重的一次强海潮袭击,有近 100 公里海挡漫水，被海潮冲毁 40 处，大量的水利工程被毁坏，沿海的塘沽、大港、汉沽三区和大型企业均遭受严重损失。天津新港的库场、码头、客运站全部被淹，港区内水深达 1.0 m，有 1 219 个集装箱进水。新港船厂、北塘修船厂、天津海滨浴场遭浸泡，北塘镇、塘沽盐场、大港石油管理局等十多个单位的部分海挡被潮水冲毁。天津防洪重点工程之一的海河闸受到较为严重的损坏。港口和盐场的 30 余万吨原盐被冲走。大港油田的 69 眼油井被海水浸泡，其中 31 眼停产。沿海三个区 3 400 户居民家进水。有 1.8 万亩养虾池被冲毁。大港石油管理局滩海工程公司正在修建的人工岛，其钢板外壳被风暴潮和大风、大浪撕开 60 多米长的大口子。

天津塘沽验潮站整点实测资料显示，9216 号台风风暴潮期间最高潮位为 5.87 m(1992 年 9 月 1 日 18 时)，对应的增水位为 1.59 m；最大增水值为 1.77 m，发生在最高潮位的前一时刻。

5.3.3　9711 号台风(Winnie)引起的风暴潮

9711 号热带风暴(Winnie)于 1997 年 8 月 10 日 08 时在关岛以东洋面生成，生成以后向西北偏北方向移动，8 月 10 日 14 时发展成强热带风暴，并于 8 月 11 日 08 时发展成台风。其后经过 8 天稳定地向西北偏西方向移动，于 8 月 18 日 21 时 30 分在浙江省温岭石塘镇登陆。登陆时台风中心气压 960 hPa，近中心最大风速达 40 m/s，风力超过 12 级。台风登陆后，穿过浙江省中西部地区，于 8 月 19 日 07 时 30 分进入安徽境内，后转为偏北行，于 8 月 20 日 09 时进入山东，8 月 20 日 15 时入渤海，最后于 8 月 21 日 21 时消失在辽宁境内。这次台风所引起的风暴潮使我国浙江以北沿海省、市遭受了 1949 年以来最严重的风暴潮灾害。9711 号台风风暴潮发生期间，在已搜集到的沿海 23 个验潮站的记录中，有 18 个站的高潮位超过当地警戒水位，其中有 9 个站的潮位值突破历史记录，是 1949 年以来我国潮灾损失最严重的一次。

在天津港，由于潮位较高，导致码头上一部分物资因没来得及倒运而受淹泡，主要物资有：进口化肥、大麦、鱼粉，出口元明粉、玉米、铬矿粉等。在汉沽，有 3 处海堤出现决口，虾池被冲。在大港，海潮作用使得海堤土方流失。在塘沽，部分地区建筑物遭海水侵入，但封堵及时，未造成损失。

天津塘沽验潮站整点实测资料显示，9711 号台风期间最高水位为 5.54 m（对应的增水为 1.44 m），发生在 1997 年 8 月 20 日 16 时。据黄骅港同步实测资料，黄骅港地区最高潮位为 5.95 m。

5.3.4 2003年10月寒潮引起的风暴潮

2003年10月11日—12日,受北方强冷空气影响,渤海湾、莱州湾沿岸发生了近10年来最强的一次温带风暴潮。受其影响,天津塘沽潮位站最大增水160 cm,该站最高潮位533 cm,超过当地警戒水位43 cm;河北黄骅港潮位站最大增水200 cm以上,其最高潮位569 cm,超过当地警戒水位39 cm;山东羊角沟潮位站最大增水300 cm,其最高潮位624 cm(为历史第三高潮位),超过当地警戒水位74 cm。天津港、黄骅港等渤海湾的主要港口不但增水大,而且持续时间长,这是寒潮风暴潮的一个重要特点。

渤海出现4~6 m巨浪,河北省秦皇岛、唐山沿岸近海出现3.5 m大浪,沧州、黄骅沿岸近海出现4 m巨浪,对近岸海堤、海上水产养殖造成巨大经济损失。10月11日—12日浙江舟山市普陀永和海运有限公司货船"顺达2"和上海运得船务有限公司货船"华源胜18"遇到大风巨浪,分别在渤海中部和西部海域沉没,"顺达2"船29人、"华源胜18"船11人下落不明,直接经济损失5 000万元。新港船厂设备被淹,库存物资损失严重,部分企业停产。天津港遭受浸泡的货物有37万余件,计22.5万吨,740个集装箱和107台(辆)设备遭海水淹泡。大港石油公司油田停产1 094井次。原盐损失15.3万吨;淹没鱼池3 440亩;损毁渔船156条、渔网27排;海堤损毁7.3公里,泵房损坏13处;倒塌民房1间,损坏544间。

5.3.5 1210号台风(Damrey)引起的风暴潮

2012年第10号台风"达维"(Damrey)于2012年7月28日20时在日本东京东南方约1 330公里的西北太平洋洋面上生成,8月2日21时30分前后在江苏省响水县陈家港镇沿海登陆。8月3日1时在江苏省北部减弱为强热带风暴,9时在山东省境内减弱为热带风暴,8月4日2时左右进入渤海西部海面,4日8时在河北省东北部近海减弱为热带低压。

"达维"台风登陆时恰逢农历十五(8月2日)天文大潮期,极易造成风暴潮灾害。由图5.2可看出,"达维"进入渤海西部海面后,整个渤海湾基本处于其影响范围之内。选取2012年8月1日—5日的南港实测潮位和塘沽预报潮位进行对比分析,两者的潮位过程线见图5.3。由图可知,8月3日17:00出现最高水位4.22 m,该日最大潮差为4.35 m。8月2日13:00至8月4日05:00由台风引起的南港潮位增水非常明显,8月3日23:00出现最大增水值为1.34 m,平均增水达0.74 m。最高潮位增水1.09 m,临港工业区为0.30 m。

图 5.2　台风"达维"作用范围

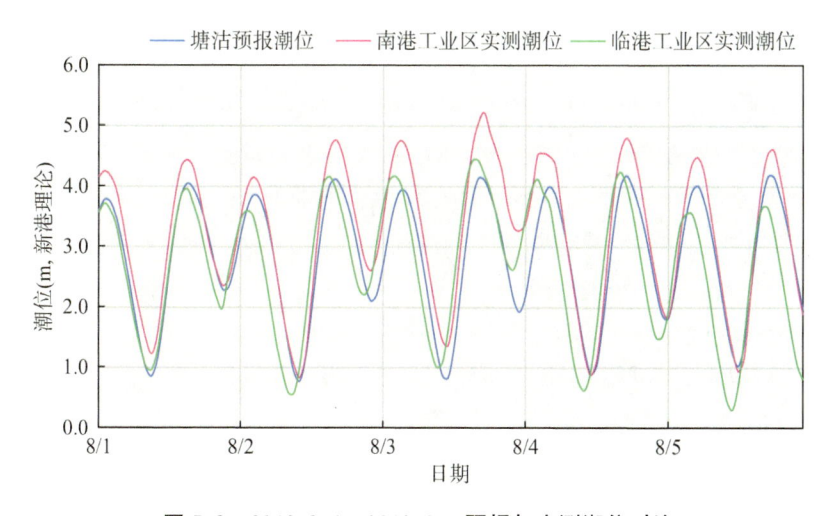

图 5.3　2012.8.1—2012.8.5 预报与实测潮位对比

5.4 典型风暴潮过程模拟

5.4.1 风暴潮计算模式

用于描述风暴潮运动的基本方程为静压假定下的不可压缩浅水流动方程，即纳维尔-斯托克斯（Navier-Stokes）方程。本项研究主要针对平面尺度较大的海域潮流进行计算，故采用垂线平均后的二维水流基本方程，球面坐标系下的表达形式如下：

$$U = R\cos\varphi \frac{d\lambda}{dt}, V = R\frac{d\varphi}{dt} \tag{5.1}$$

连续方程：

$$\frac{\partial h}{\partial t} + \frac{1}{R\cos\varphi}\left(\frac{\partial hU}{\partial \lambda} + \frac{\partial hV\cos\varphi}{\partial \varphi}\right) = 0 \tag{5.2}$$

运动方程：

$$\frac{\partial hU}{\partial t} + \frac{1}{R\cos\varphi}\left(\frac{\partial hU^2}{\partial \lambda} + \frac{\partial hUV\cos\varphi}{\partial \varphi}\right) = \left(f + \frac{U}{R}\tan\varphi\right)Vh$$

$$- \frac{1}{R\cos\varphi}\left(gh\frac{\partial \eta}{\partial \lambda} - \frac{h}{\rho_0}\frac{\partial p_a}{\partial \lambda}\right) + \frac{\partial}{\partial x}\left(2Ah\frac{\partial U}{\partial x}\right) +$$

$$\frac{\partial}{\partial y}\left[Ah\left(\frac{\partial U}{\partial y} + \frac{\partial V}{\partial x}\right)\right] + \frac{\tau_{sx} - \tau_{bx}}{\rho_0} \tag{5.3}$$

$$\frac{\partial hV}{\partial t} + \frac{1}{R\cos\varphi}\left(\frac{\partial hUV}{\partial \lambda} + \frac{\partial hV^2\cos\varphi}{\partial \varphi}\right) = -\left(f + \frac{U}{R}\tan\varphi\right)Uh$$

$$- \frac{1}{R}\left(gh\frac{\partial \eta}{\partial \varphi} - \frac{h}{\rho_0}\frac{\partial p_a}{\partial \varphi}\right) + \frac{\partial}{\partial x}\left(2Ah\frac{\partial U}{\partial x}\right) +$$

$$\frac{\partial}{\partial y}\left[Ah\left(\frac{\partial U}{\partial y} + \frac{\partial V}{\partial x}\right)\right] + \frac{\tau_{sy} - \tau_{by}}{\rho_0} \tag{5.4}$$

其中：x、y 为笛卡尔坐标系坐标；t 为时间变量(s)；η 为相对于参考基面的水位(m)；h 为全水深，$h = h_0 + \eta$ (m)；U、V 分别为方向上的垂线平均流速(m/s)；f 为科氏力系数($f = 2\omega\sin\varphi$，ω 为地球自转角速度，φ 为纬度)；λ 为经度；ρ_0 为水体参考密度(kg/m^3)；g 为重力加速度(m/s^2)；τ_{sx}、τ_{sy} 分别为表面风应力在 x、y 方向上的分量(N/m^2)；τ_{bx}、τ_{by} 分别为底部切应力在 x、y 方向上的

分量(N/m²); p_a 为大气气压(hPa); A 为水平紊动黏性系数,采用由 Smagorinsky(1963)提出的亚格子法进行计算。

5.4.2 模型建立

本次建立的风暴潮数学模型采用球面坐标系,模型范围117.5°E~127°E、31.7°N~41.0°N,包含东海、黄海和渤海,开边界设置在长江北支口至韩国济州岛和济州岛至韩国本土岸线。模型网格示意图见图5.4,网格节点数为26 024,网格单元数为48 725,最大网格尺度为0.19°,位于模型开边界处,最小网格尺度为0.002°,位于海河流域主要河口闸下通道位置。

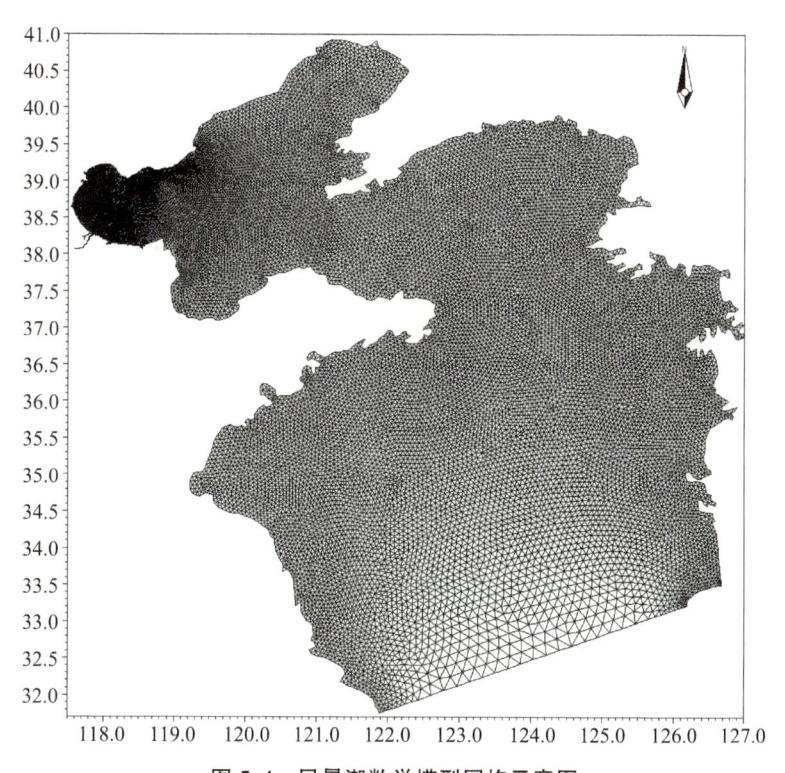

图5.4 风暴潮数学模型网格示意图

大范围水下地形来自美国国家海洋和大气管理局(National Oceanic and Atmospheric Administration)网站的公开数据,该数据基面采用平均海平面,渤海湾内水下地形采用近些年来课题组收集到的海图数据和局部实测地形。将水下地形数据插值到模型网格节点上,得到模型计算地形,示意图见图5.5。

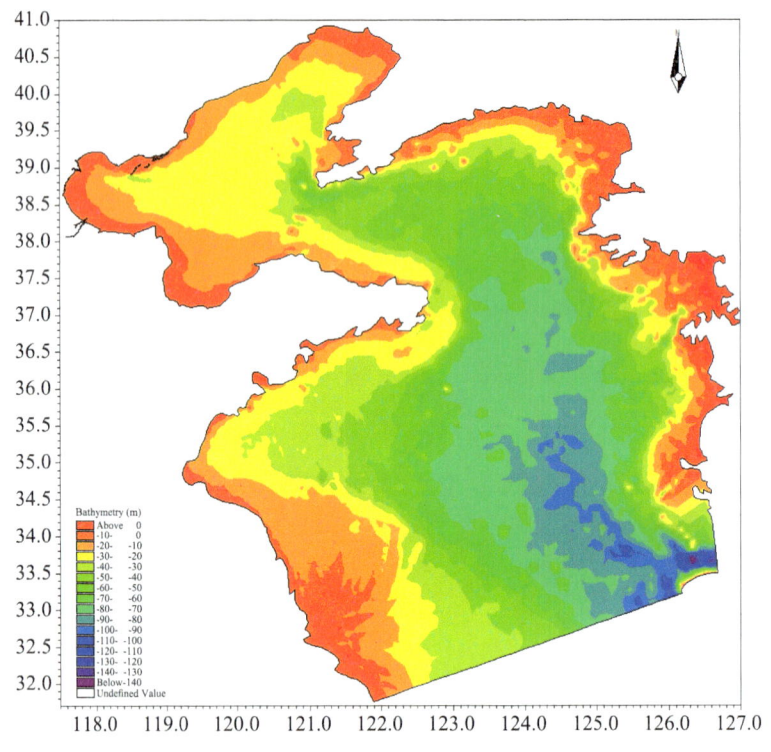

图 5.5 风暴潮数学模型地形示意图

5.4.3 参数选取

风场和气压场是风暴潮数学模型中的关键参数,本次采用的风场为 CCMP (Cross-Calibrated, Multi-Platform) 风场,该资料来自 ESE (NASA Earth Science Enterprise),它结合了 ADEOS-II、QuikSCAT、TRMM TMI、AMSR-E、SSM/I 几种资料,利用变分方法得到。CCMP 风场具有很高的精度和时空分辨率,其空间分辨率为 $0.25°\times 0.25°$,时间分辨率为 6 h。空间范围为 $78.375°S \sim 78.375°N$、$0.125°\sim 359.875°E$,时间范围为 1987 年 7 月—2011 年 12 月。本次从中截取的范围为 $20.125°\sim 43.125°N$、$115.125°\sim 135.125°E$。气压场根据台风路径、中心气压等参数采用经验公式计算得到。9216 号台风和 9711 号台风典型时刻风场和气压场分别见图 5.6 和图 5.7。

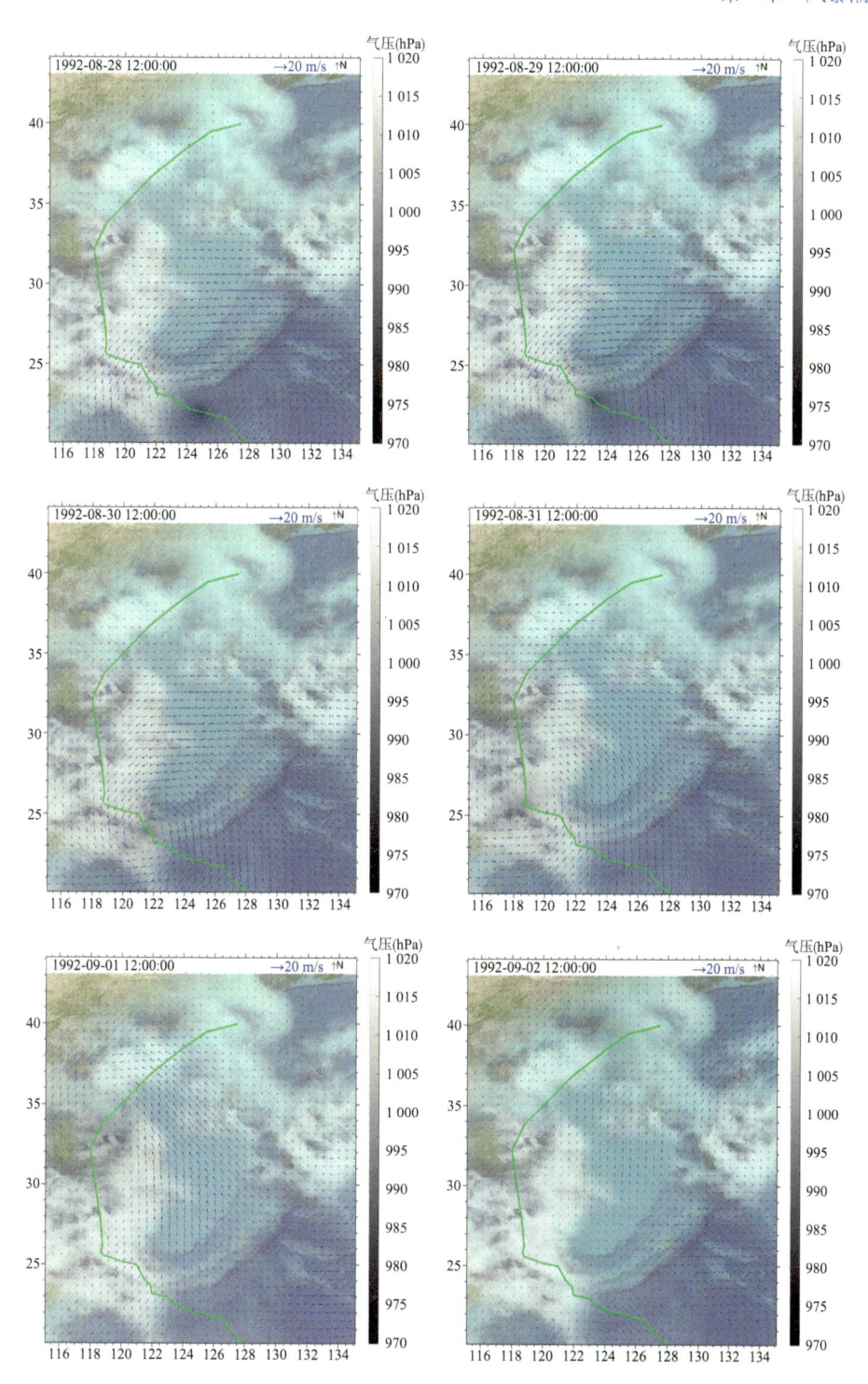

图 5.6 9216 号台风典型时刻风场和气压场(北京时间)

117

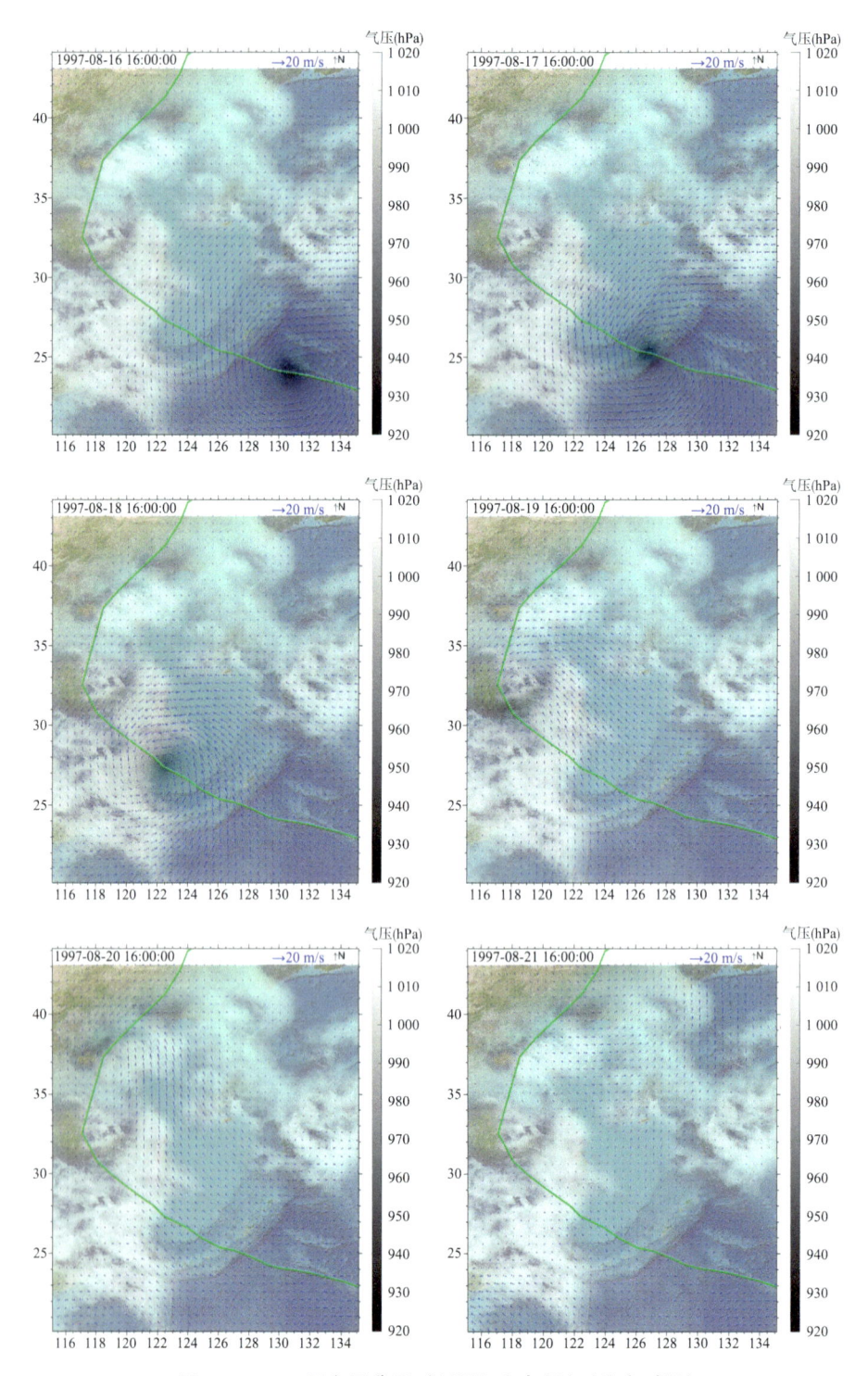

图 5.7 9711 号台风典型时刻风场和气压场(北京时间)

5.4.4 模型验证

首先采用国家海洋信息中心发布的潮汐表中的渤海湾内各测站潮位预报值对天文潮过程进行验证，其次采用收集到的渤海湾验潮站潮位实测过程对风暴潮潮位和增减水过程进行验证。图 5.8～图 5.10 分别是 9216 号台风期间塘沽验潮站天文潮、风暴潮和增减水过程验证图；图 5.11～图 5.13 与图 5.14～图 5.16 分别是 9711 号台风期间塘沽验潮站与黄骅港验潮站天文潮、风暴潮和增减水过程验证图。从验证结果来看，模型计算的潮位和增减水幅度与实测结果均相当接近，表明风暴潮模型对现场风暴潮过程的模拟具有较高的精度。表 5.1 中所列为两次台风期间塘沽验潮站与黄骅港验潮站最高水位实测值与计算值的比较，计算最高水位与实测值误差在 -0.04～$+0.15$ m 之间，这主要是由风场和气压场输入参数、地形概化等因素造成的，误差在合理范围内。建立的风暴潮数学模型可运用于后续相关研究。

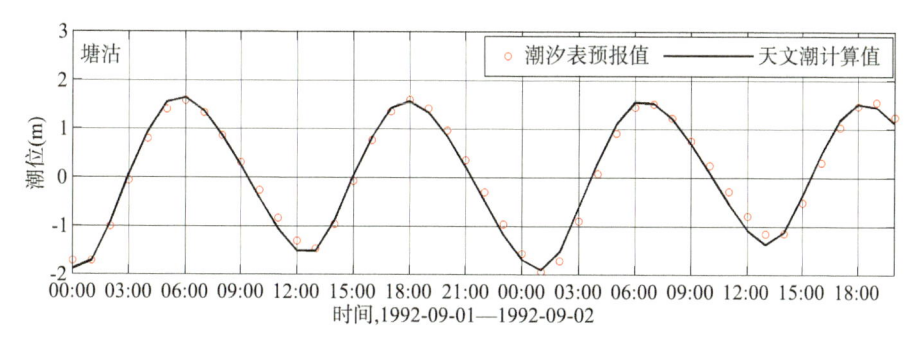

图 5.8 9216 号台风风暴潮期间天文潮过程验证

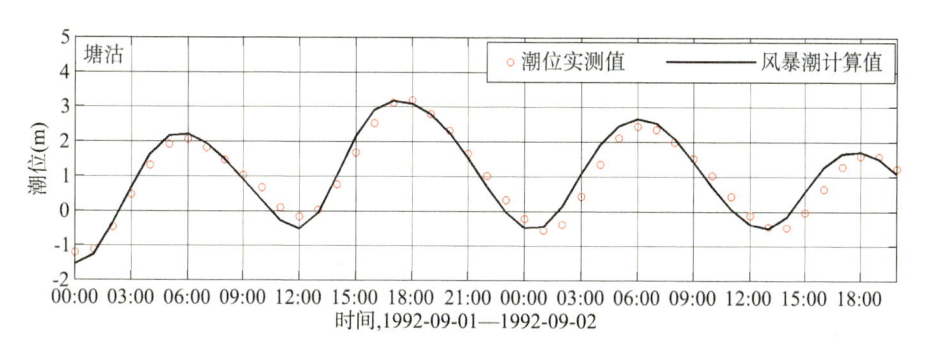

图 5.9 9216 号台风风暴潮期间风暴潮过程验证

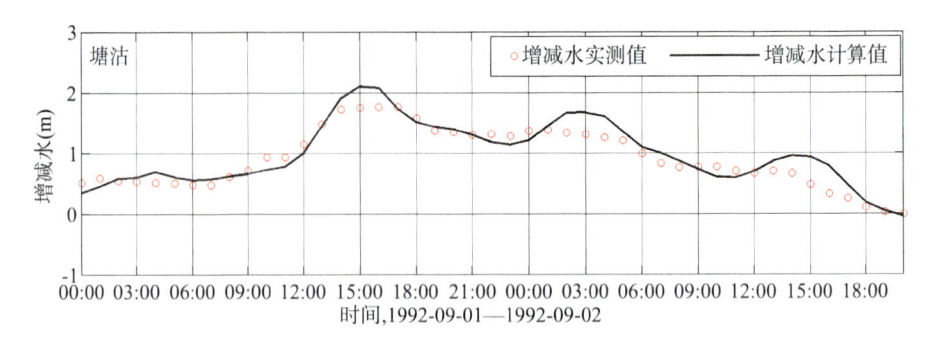

图 5.10　9216 号台风风暴潮期间风暴潮增减水过程验证

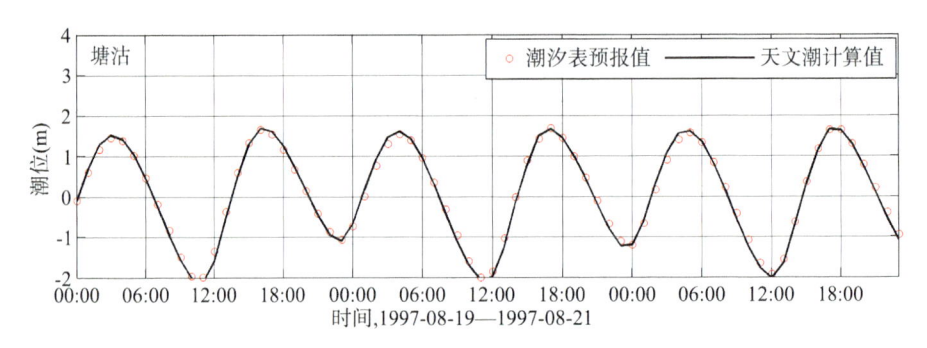

图 5.11　9711 号台风风暴潮期间天文潮过程验证（塘沽站）

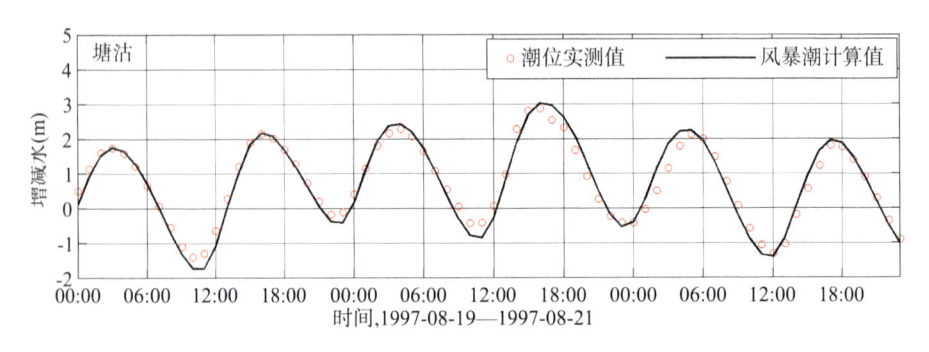

图 5.12　9711 号台风风暴潮期间风暴潮过程验证（塘沽站）

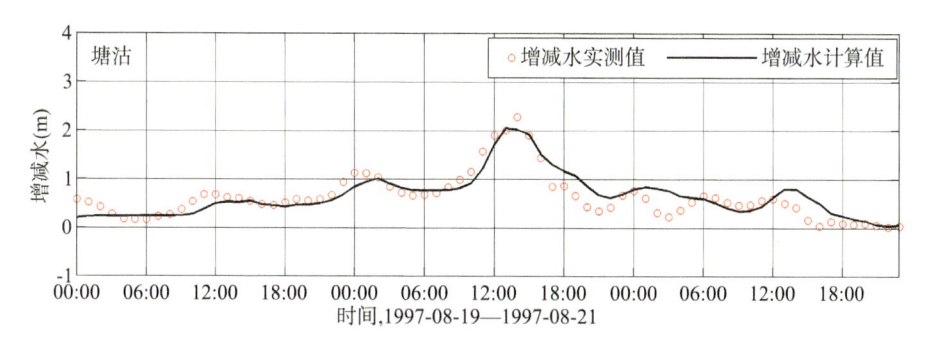

图 5.13　9711 号台风风暴潮期间风暴潮增减水过程验证(塘沽站)

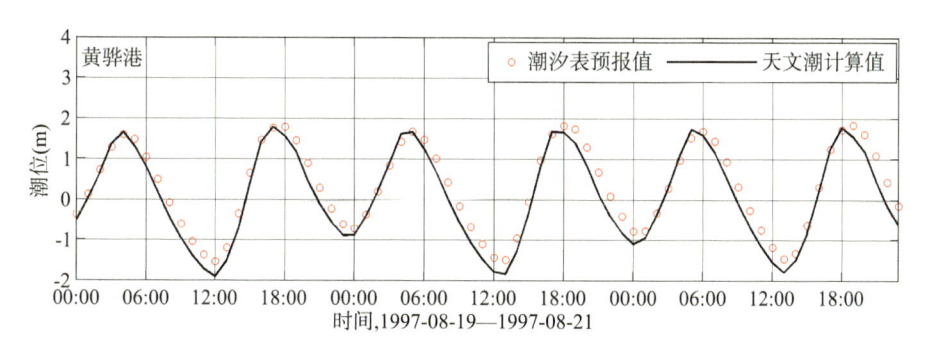

图 5.14　9711 号台风风暴潮期间天文潮过程验证(黄骅港站)

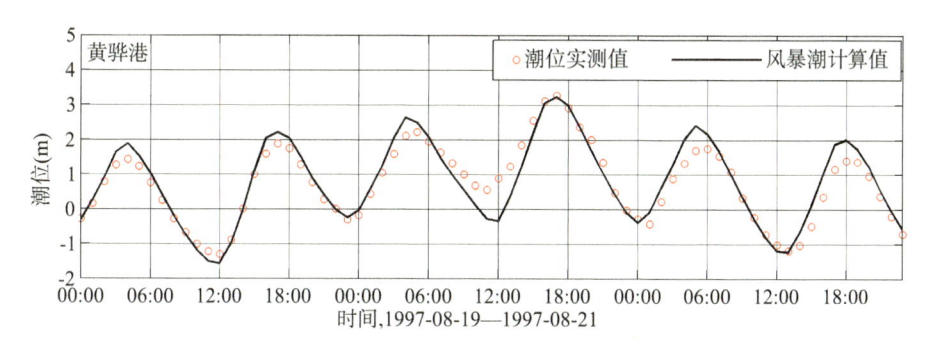

图 5.15　9711 号台风风暴潮期间风暴潮过程验证(黄骅港站)

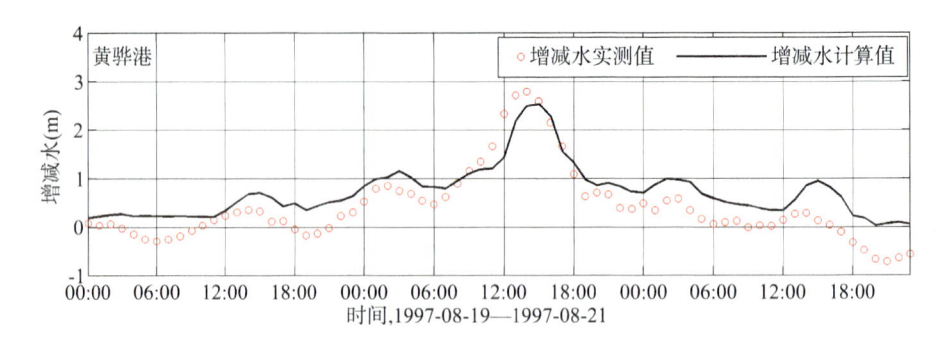

图 5.16　9711 号台风风暴潮期间风暴潮增减水过程验证（黄骅港站）

表 5.1　塘沽站、黄骅港站最高潮位计算值与实测值比较

风暴潮	站名	实测最高水位（m）	计算最高水位（m）	误差（m）
9216 号台风	塘沽	3.20	3.16	−0.04
9711 号台风	塘沽	2.87	3.02	＋0.15
	黄骅港	3.29	3.23	−0.06

5.4.5　渤海湾造陆工程前风暴潮最高潮位成果

渤海湾造陆工程前，风暴潮最高潮位受浅水变形作用影响从渤海湾口向内逐渐抬升，渤海湾湾顶沿线风暴潮最高潮位分布规律表现为由北向南逐渐增大，南港工业区至滨州港（即套尔河口）一带风暴潮最高潮位最高。9216 号台风和 9711 号台风风暴潮渤海湾内最高潮位分布分别见图 5.17 和图 5.18。

渤海湾造陆工程前，海河口、永定新河口和独流减河口闸下风暴潮最高潮位沿程分布规律是从外海至闸下逐渐抬升。三河口闸下潮位独流减河口最高，永定新河口次之，海河口较永定新河口略低。9216 号台风和 9711 号台风两次台风情况下，三河口闸下最高潮位沿程分布分别见图 5.19～图 5.21 和图 5.22～图 5.24。

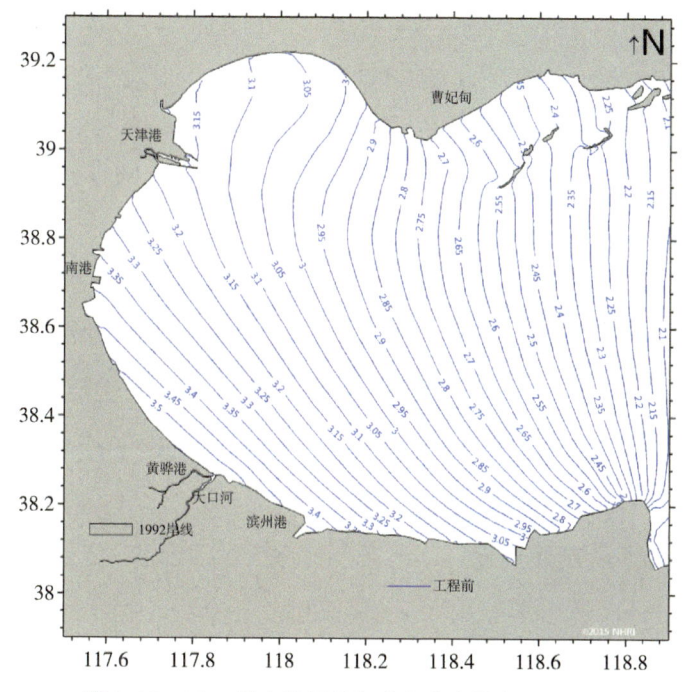

图 5.17　9216 号台风风暴潮渤海湾内最高潮位分布

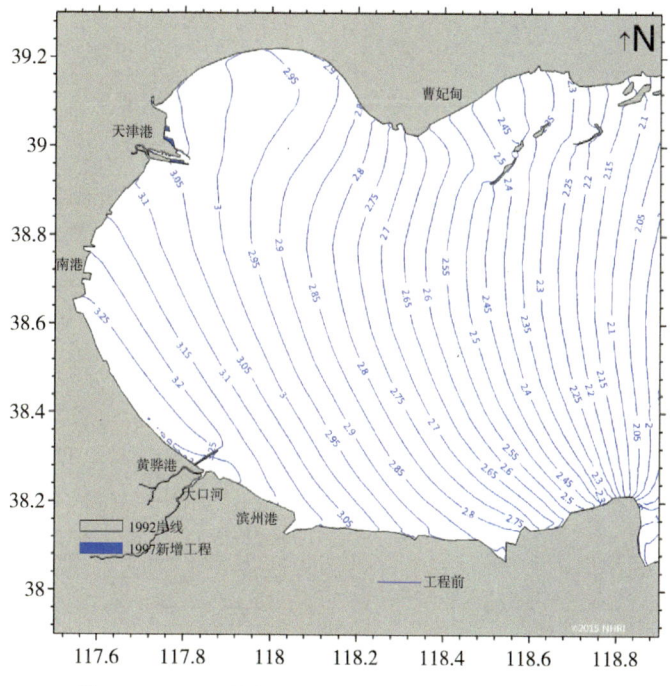

图 5.18　9711 号台风风暴潮渤海湾内最高潮位分布

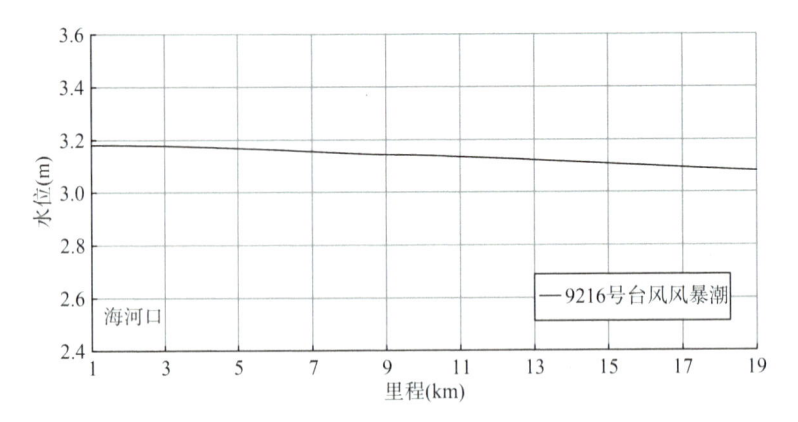

图 5.19　9216 号台风风暴潮海河口工程前闸下通道最高潮位沿程分布

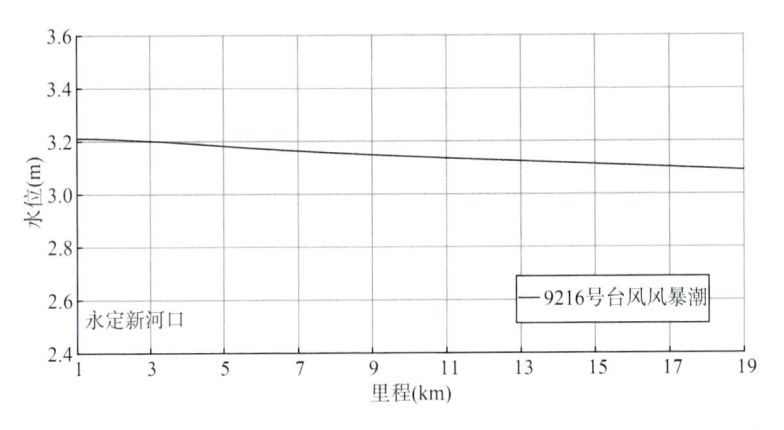

图 5.20　9216 号台风风暴潮永定新河口工程前闸下通道最高潮位沿程分布

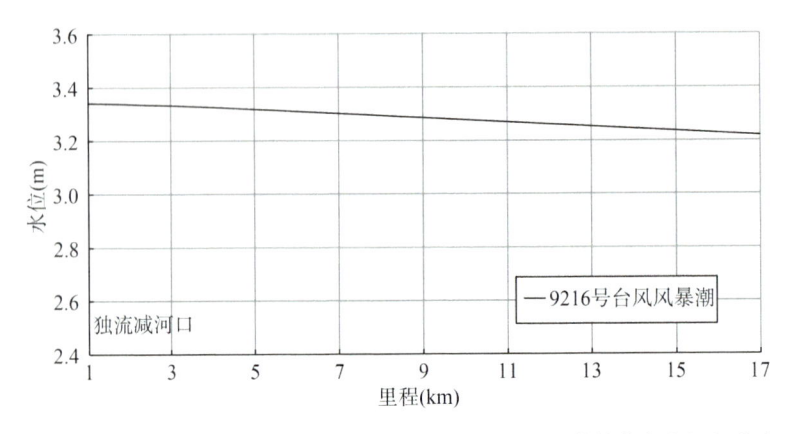

图 5.21　9216 号台风风暴潮独流减河口工程前闸下通道最高潮位沿程分布

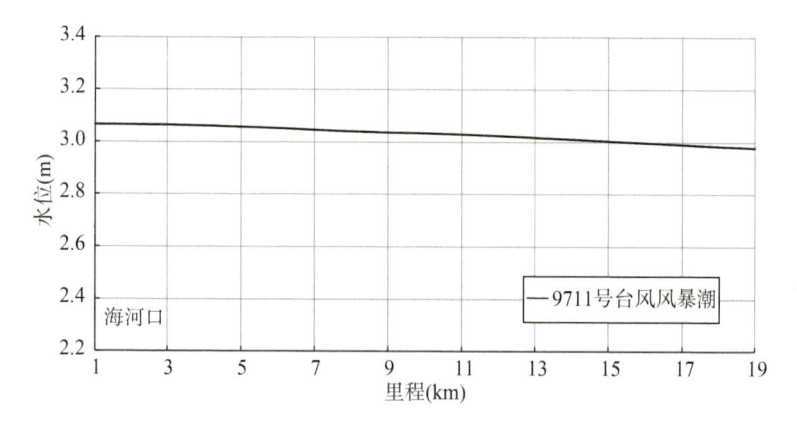

图 5.22　9711 号台风风暴潮海河口工程前闸下通道最高潮位沿程分布

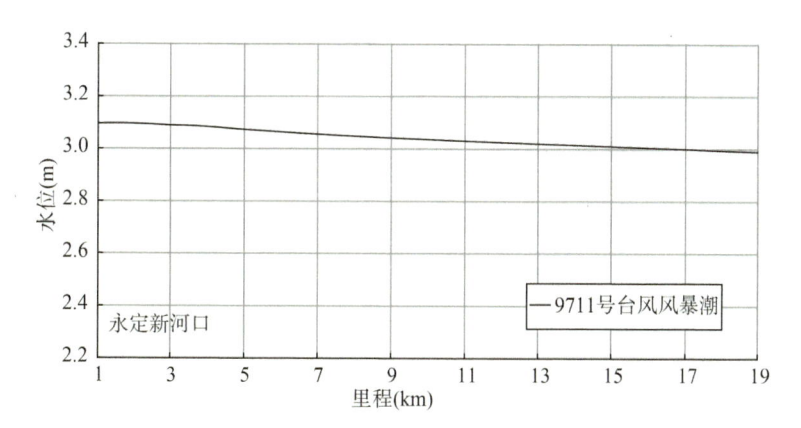

图 5.23　9711 号台风风暴潮永定新河口工程前闸下通道最高潮位沿程分布

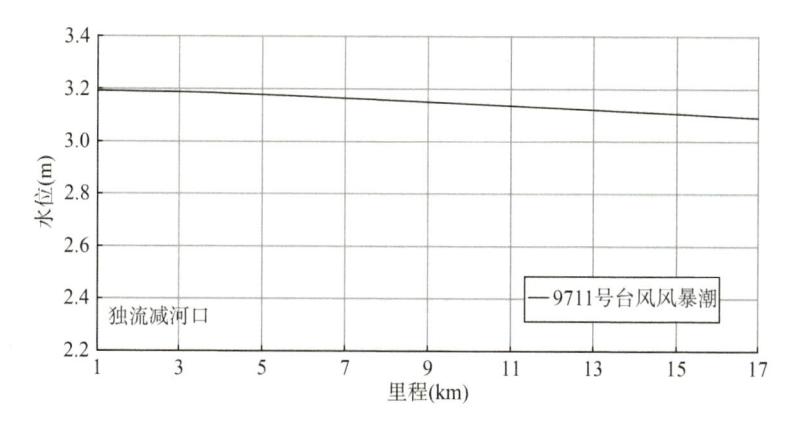

图 5.24　9711 号台风风暴潮独流减河口工程前闸下通道最高潮位沿程分布

表 5.2   渤海湾造陆工程前三河口闸下最高潮位   单位：m

	海河口	永定新河口	独流减河口
9216 号台风	3.18	3.20	3.34
9711 号台风	3.06	3.08	3.19

5.5　工程后风暴潮最高潮位变化

5.5.1　工程后闸下通道自然地形工况

规划方案工程实施后，形成的闸下通道内维持自然地形（即闸下清淤槽开挖而通道内不开挖）。海河口闸下河道清淤槽长 4 000 m、底宽 100 m、底高程－5.59 m。永定新河口闸下河道清淤槽位于防潮闸 63＋041 与 67＋000 之间，为复式河槽断面结构，其中 63＋041 至 66＋000 底宽从 150 m 逐渐扩大到 240 m，地形从－6.03 m 以 1/1500 的反坡逐渐抬高至－4.03 m；66＋000 至 67＋000 底宽为 240 m，地形从－4.03 m 逐渐抬高与 2005 年实测地形相衔接，清淤槽左侧一定范围内滩地设计高程为－1.03 m，该范围向左至左治导线之间的滩地设计高程为 0.97 m，清淤槽右侧至右治导线之间的滩地设计高程为－1.03 m。独流减河口闸下河道清淤槽长 1 900 m、底宽 200～150 m、底高程－2.6 m，平底长度为 1 700 m，1 700～1 900 m 段呈微喇叭形放大（外扩角 15°），并与通道内港池航道起点平顺衔接，清淤槽边坡为 1∶8。

工程后渤海湾内风暴潮最高潮位分布见图 5.25 和图 5.26。在海河口、永定新河口和独流减河口闸下通道内每 0.5 km 取采样点，分析工程后闸下通道内最高水位沿程分布，见图 5.29～图 5.34。

从图中可以看出，渤海湾规划方案实施后，海河口、永定新河口和独流减河口闸下形成较长的通道，若通道内维持自然地形，通道内最高潮位则因潮波浅水变形较工程前有所抬高。独流减河口闸下潮位最高，永定新河口次之，海河口较永定新河口略低，见表 5.3。

在 9216 号台风风暴潮作用下，海河口、永定新河口和独流减河口闸下最高潮位分别平均抬高 0.12 m、0.11 m 和 0.16 m；在 9711 号台风风暴潮作用下，分别平均抬高 0.09 m、0.10 m 和 0.12 m，见表 5.4。

第 5 章 风暴潮

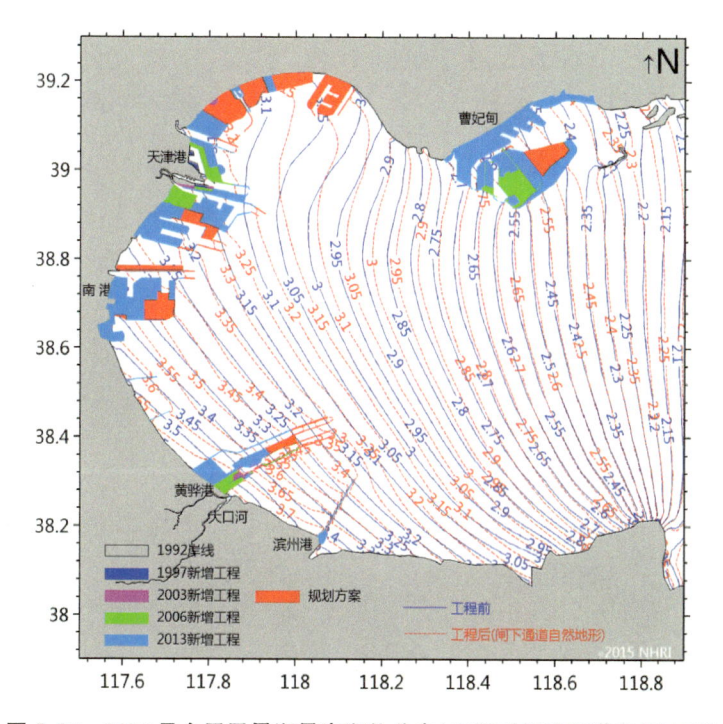

图 5.25 9216 号台风风暴潮最高潮位分布(工程后闸下通道自然地形)

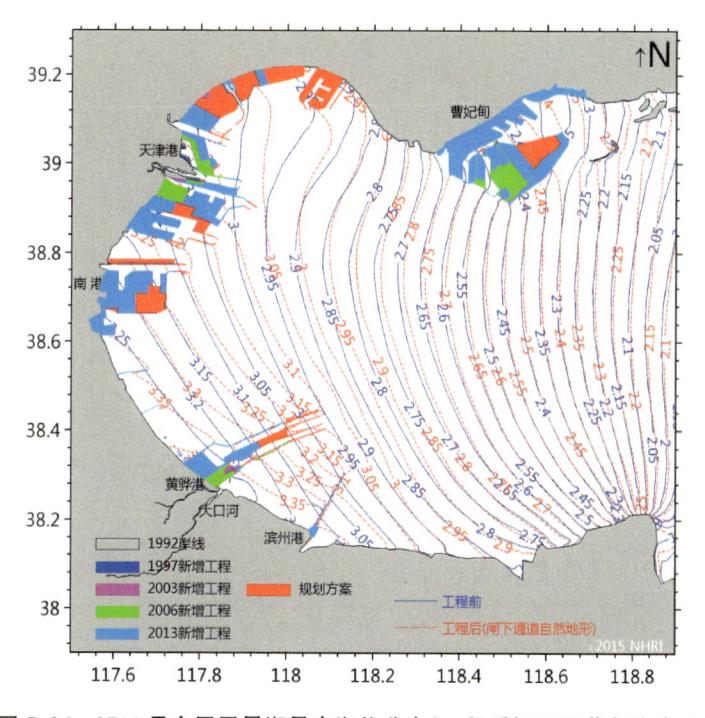

图 5.26 9711 号台风风暴潮最高潮位分布(工程后闸下通道自然地形)

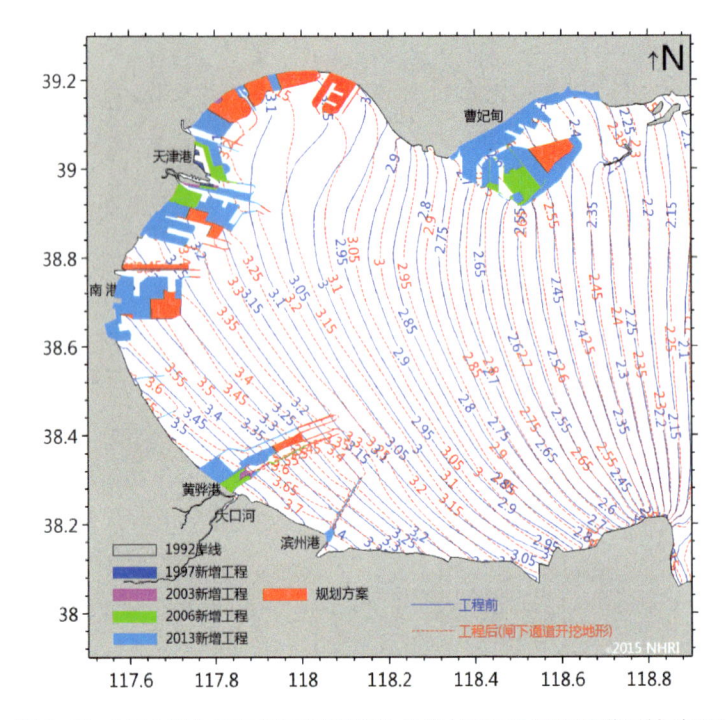

图 5.27　9216 号台风风暴潮最高潮位分布（工程后闸下通道开挖地形）

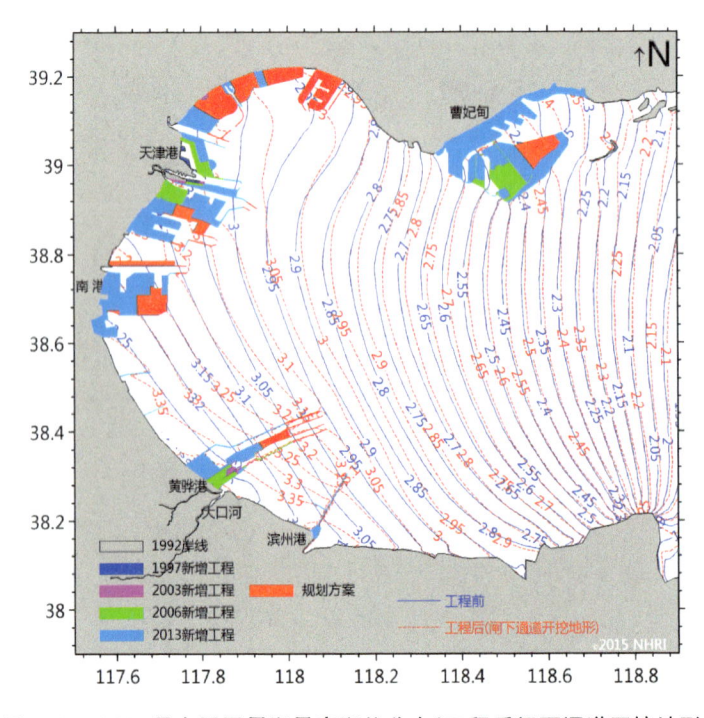

图 5.28　9711 号台风风暴潮最高潮位分布（工程后闸下通道开挖地形）

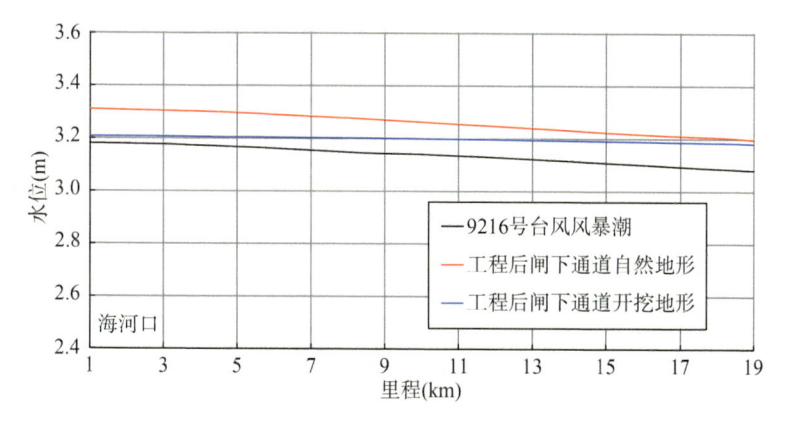

图 5.29　9216 号台风风暴潮海河口工程后闸下通道最高潮位沿程分布

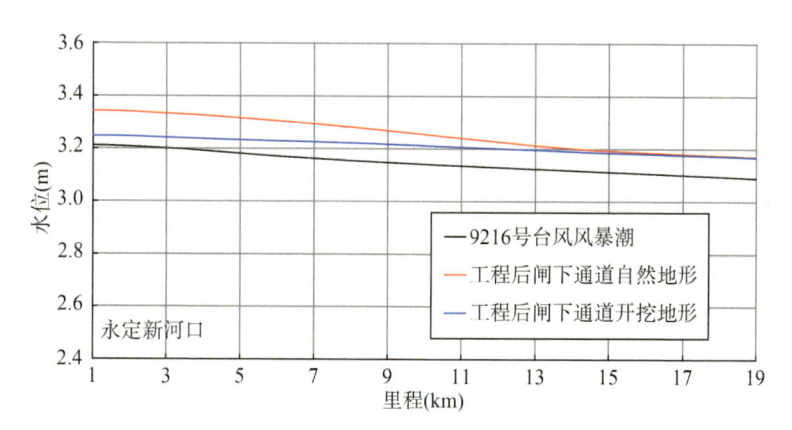

图 5.30　9216 号台风风暴潮永定新河口工程后闸下通道最高潮位沿程分布

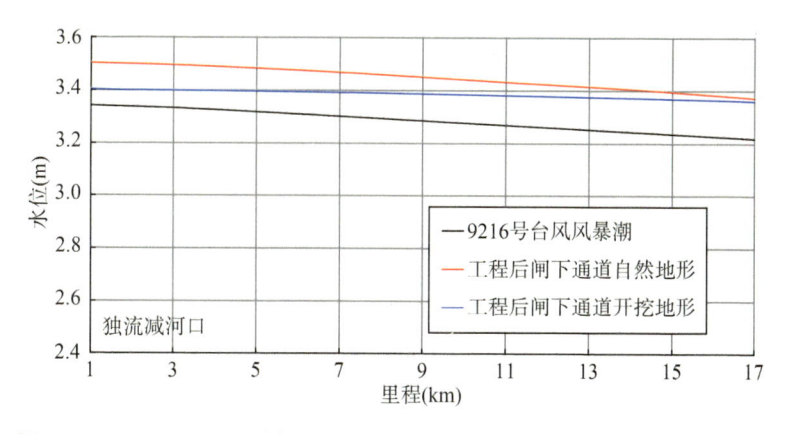

图 5.31　9216 号台风风暴潮独流减河口工程后闸下通道最高潮位沿程分布

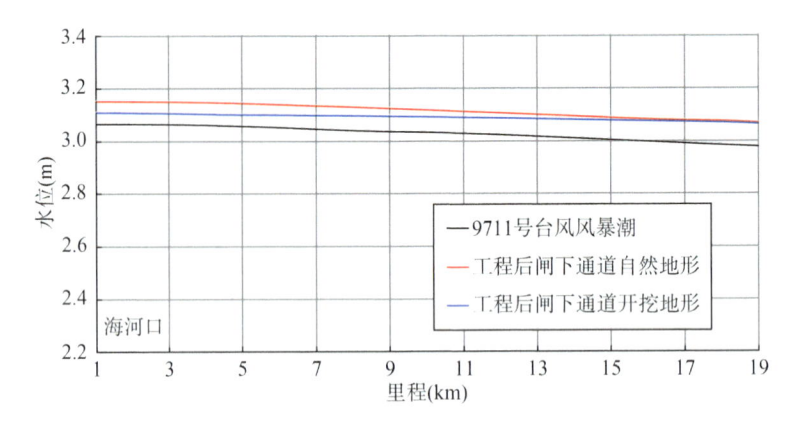

图 5.32　9711 号台风风暴潮海河口工程后闸下通道最高潮位沿程分布

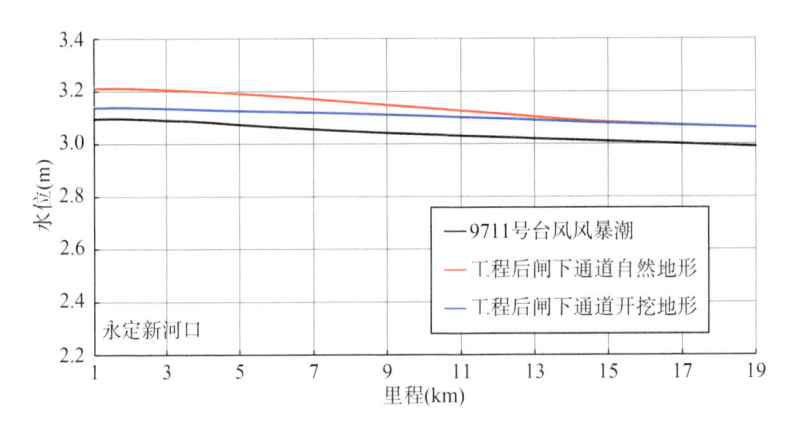

图 5.33　9711 号台风风暴潮永定新河口工程后闸下通道最高潮位沿程分布

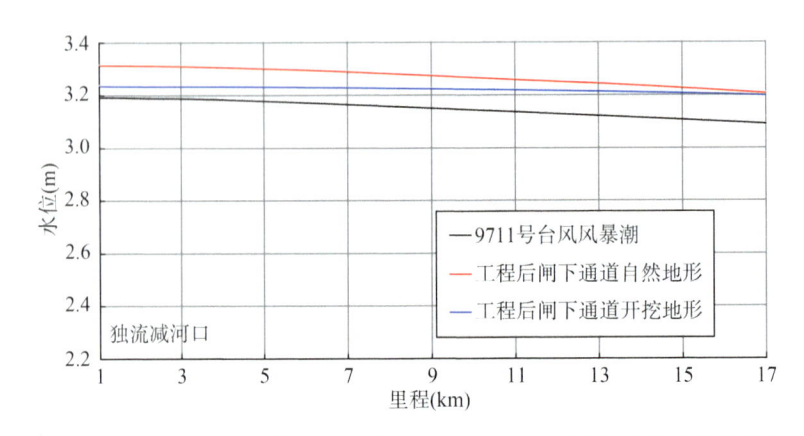

图 5.34　9711 号台风风暴潮独流减河口工程后闸下通道最高潮位沿程分布

表5.3 渤海湾造陆工程后三河口闸下最高潮位　　　　　　　　单位：m

名称		海河口	永定新河口	独流减河口
9216号台风	工程前	3.18	3.20	3.34
	工程后自然地形	3.31	3.34	3.51
	工程后开挖地形	3.21	3.25	3.41
9711号台风	工程前	3.06	3.08	3.19
	工程后自然地形	3.15	3.21	3.32
	工程后开挖地形	3.11	3.14	3.24

表5.4 渤海湾造陆工程后三河口通道最高潮位平均增加值

台风名称与比较项目		最高潮位平均增加值(m)		
		海河口	永定新河口	独流减河口
9216号台风	工程后较工程前自然地形	0.12	0.11	0.16
	工程后较工程前开挖地形	0.06	0.06	0.10
9711号台风	工程后较工程前自然地形	0.09	0.10	0.12
	工程后较工程前开挖地形	0.06	0.06	0.07

5.5.2 工程后闸下通道开挖地形工况

规划方案工程实施后，结合闸下清淤工程和港区航道、码头前沿开挖工程，海河口闸下通道内按10万吨级港池航道设计底标高进行地形开挖，高程为-17.2 m，永定新河口闸下通道内仅开挖北塘港区范围内的1万吨级港池和航道，高程为-12.2 m，独流减河口闸下通道内按10万吨级港池航道设计底标高实施地形开挖，高程为-17.7 m。闸下通道内实施地形开挖后，渤海湾内风暴潮最高潮位分布见图5.27和图5.28。各河口闸下通道内最高水位沿程分布见图5.29～图5.34。

图中表明，开挖地形情况下的河口闸下通道内最高潮位较工程前仍有所抬高，但与河口闸下通道自然地形情况下的抬高幅度相比有所减小，见表5.3，独流减河口闸下潮位为三河口之最高。在9216号台风风暴潮作用下，海河口、永定新河口和独流减河口闸下最高潮位分别平均抬高0.06 m、0.06 m和0.10 m；在9711号台风风暴潮作用下，分别平均抬高0.06 m、0.06 m和0.07 m，见表5.4。

综上所述，在渤海湾围填海工程实施后三河口形成的通道内进行地形开挖,通道内最高潮位较工程前仍有所抬高,但与闸下通道自然地形情况下的抬高幅度相比有所减小。可见,结合闸下通道内开发建设港区航道等工程实施通道内地形开挖可降低通道内风暴潮增水幅度。

5.6 典型台风或风暴潮动力条件下主要河口泄洪过程

台风作用期间,往往伴有强降雨,河口防潮排涝闸可能会提闸泄洪,海河口、永定新河口和独流减河口的设计流量分别为 800 m^3/s、4 640 m^3/s 和 3 600 m^3/s。本节将在上述风暴潮数学模型的基础上,计算分析海河口、永定新河口和独流减河口三河口同时泄洪情况下闸下通道内最高潮位的变化。

5.6.1 工程后闸下通道自然地形工况

规划方案工程实施后,闸下通道内为自然地形(即闸下清淤槽开挖而通道内不开挖),海河口、永定新河口和独流减河口三河口同时泄洪,渤海湾内 9216 号台风和 9711 号台风风暴潮最高潮位分布见图 5.35 和图 5.36,图 5.39～图 5.44 为闸下通道内最高潮位沿程分布图,具体统计数值列于表 5.5 中。从中可以看出:

(1) 海河口通道内最高潮位较工程前仍有所抬高,在 9216 号台风和 9711 号台风作用下分别平均抬高 0.14 m 和 0.10 m,且较河口闸下通道自然地形和不泄洪情况下的再抬高 0.01～0.02 m。

(2) 永定新河口通道内最高潮位较工程前有所抬高,在 9216 号台风和 9711 号台风作用下分别平均抬高 0.11 m 和 0.11 m,较河口闸下通道自然地形和不泄洪情况下的再抬高 0.01 m。

(3) 独流减河口通道内最高潮位较工程前有所抬高,在 9216 号台风和 9711 号台风作用下分别平均抬高 0.20 m 和 0.16 m,较河口闸下通道自然地形和不泄洪情况下再抬高 0.03～0.04 m。

综上所述,三河口形成通道后,通道内维持自然地形,在此条件下提闸泄洪,闸下通道内潮位不仅较工程前有所抬高,并且与河口闸下通道自然地形和不泄洪情况相比会进一步抬高。

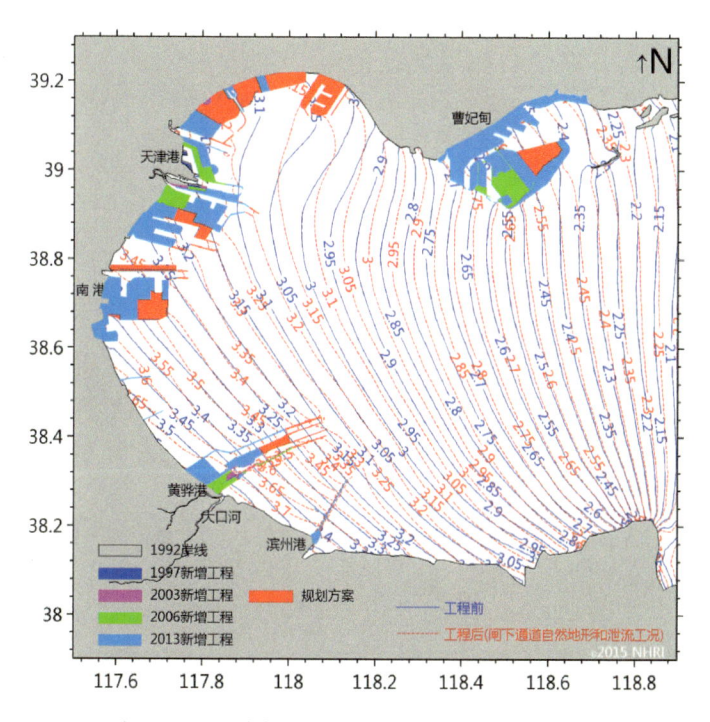

图 5.35　9216 号台风风暴潮最高潮位分布（工程后闸下通道自然地形和泄洪工况）

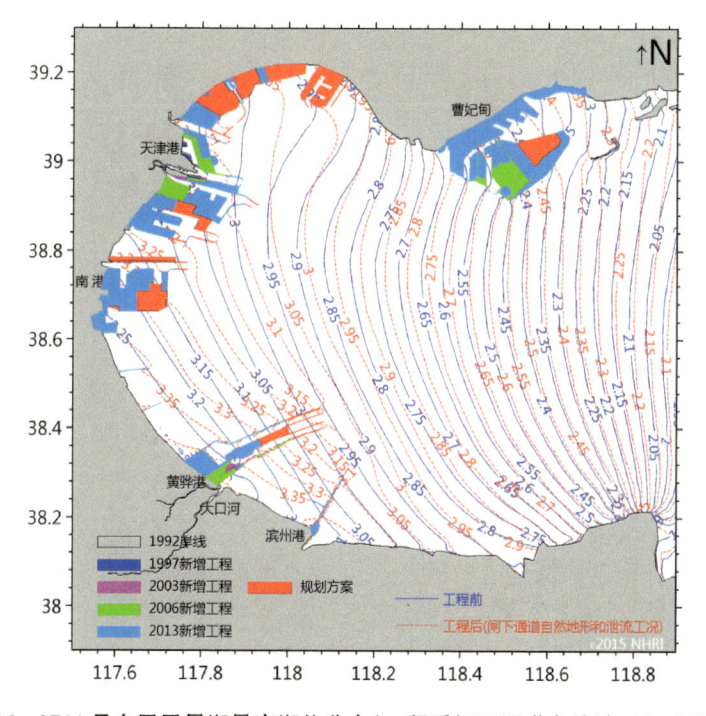

图 5.36　9711 号台风风暴潮最高潮位分布（工程后闸下通道自然地形和泄洪工况）

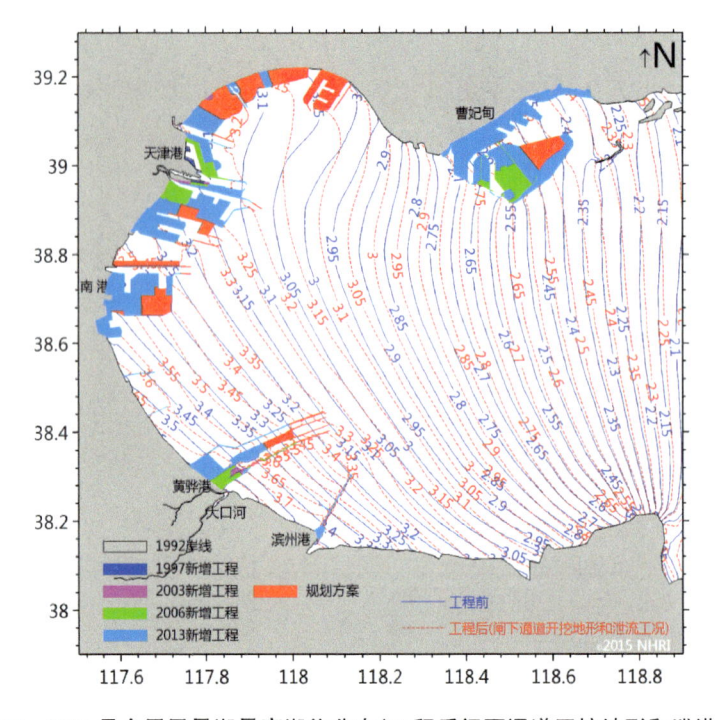

图 5.37　9216 号台风风暴潮最高潮位分布（工程后闸下通道开挖地形和泄洪工况）

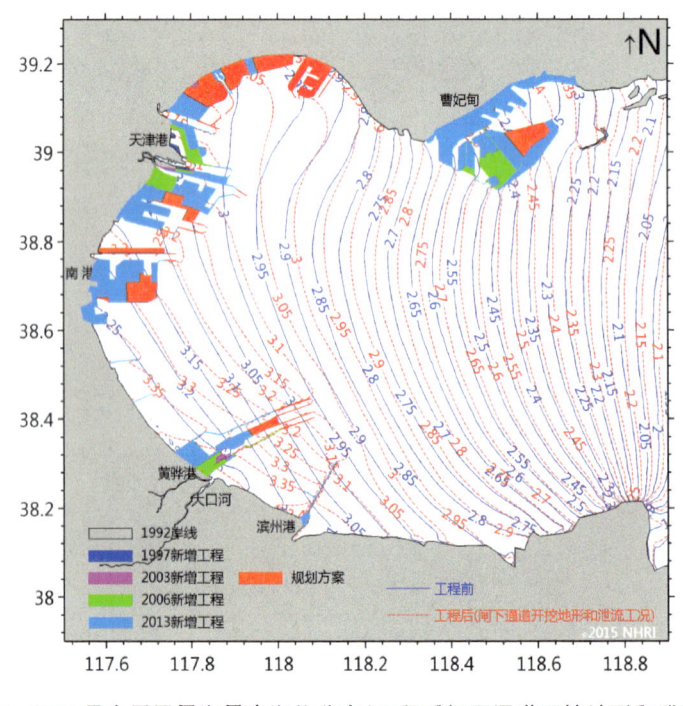

图 5.38　9711 号台风风暴潮最高潮位分布（工程后闸下通道开挖地形和泄洪工况）

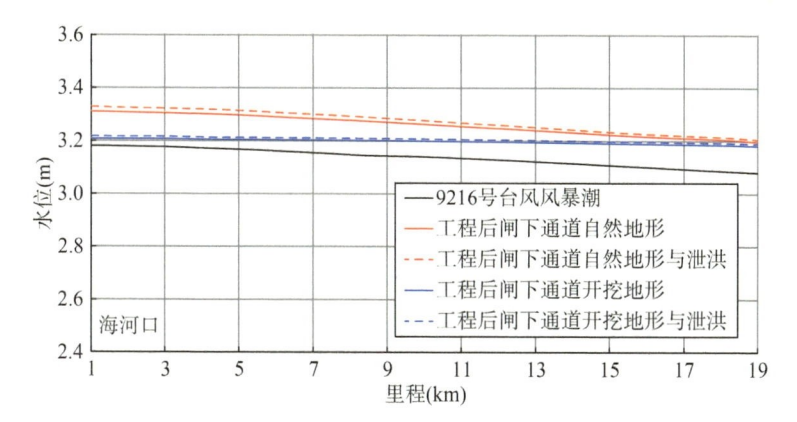

图 5.39　9216 号台风风暴潮海河口工程后闸下通道最高潮位沿程分布(流量 800 m³/s)

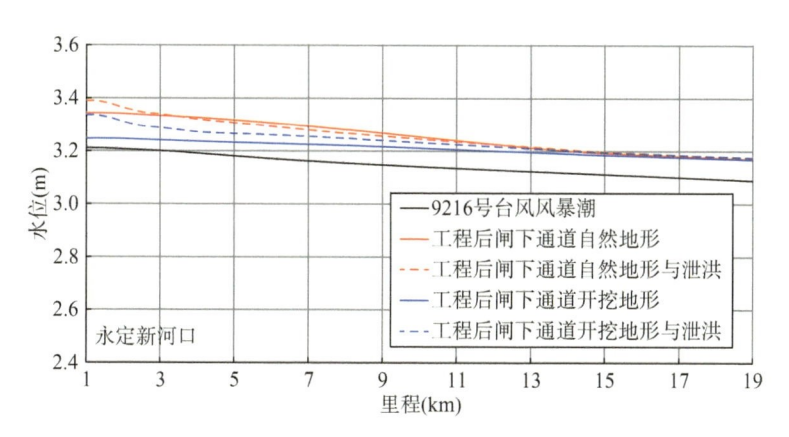

图 5.40　9216 号台风风暴潮永定新河口工程后闸下通道最高潮位沿程分布(流量 4 640 m³/s)

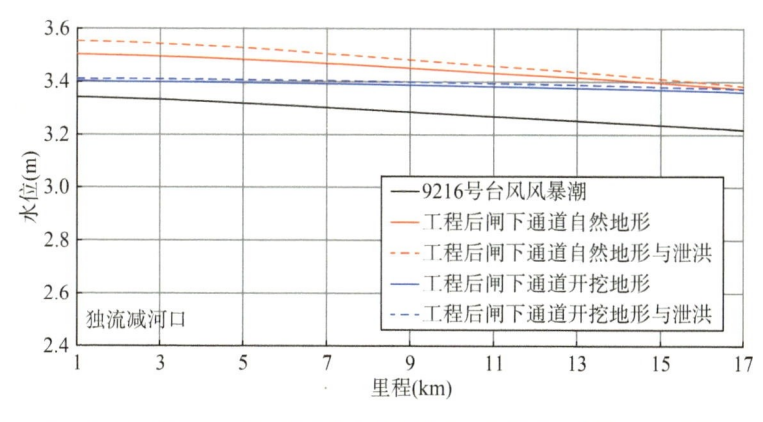

图 5.41　9216 号台风风暴潮独流减河口工程后闸下通道最高潮位沿程分布(流量 3 600 m³/s)

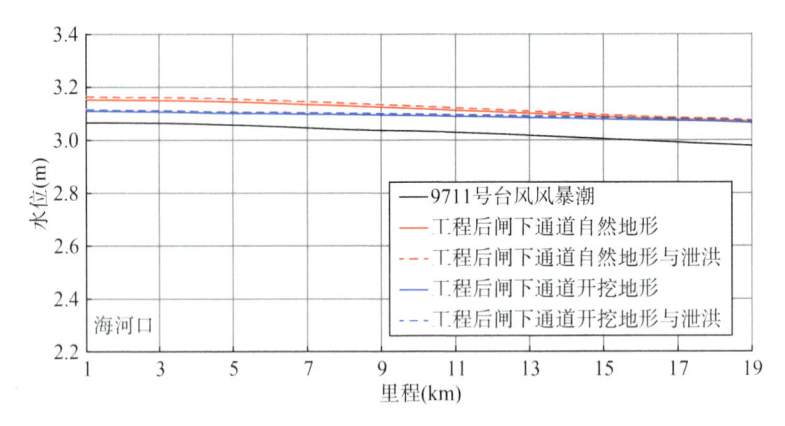

图 5.42　9711号台风风暴潮海河口工程后闸下通道最高潮位沿程分布(流量 800 m³/s)

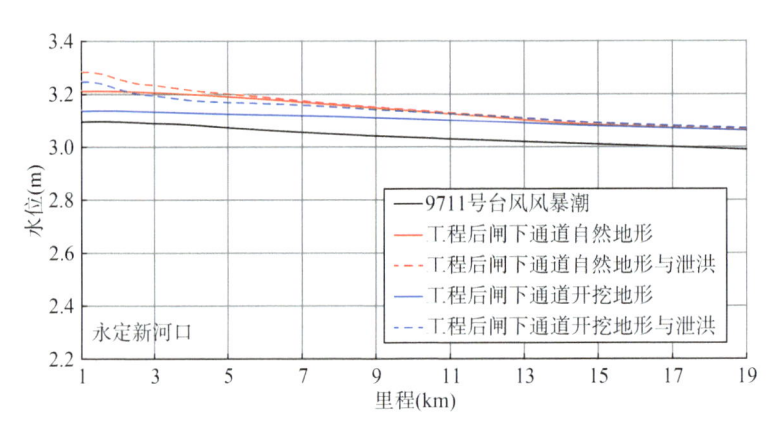

图 5.43　9711号台风风暴潮永定新河口工程后闸下通道最高潮位沿程分布(流量 4 640 m³/s)

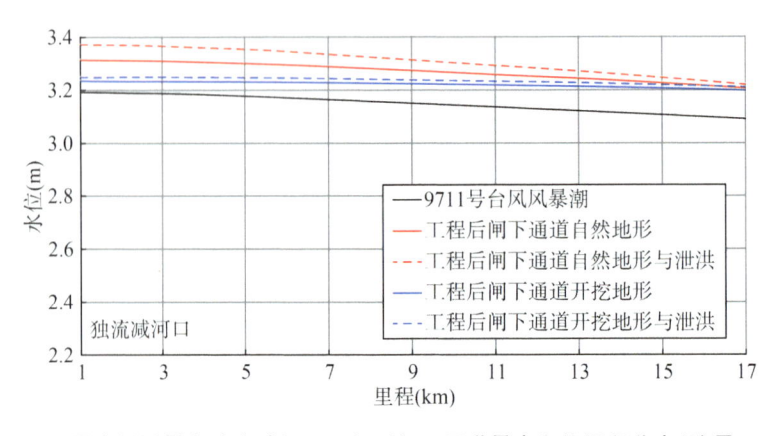

图 5.44　9711号台风风暴潮独流减河口工程后闸下通道最高潮位沿程分布(流量 3 600 m³/s)

5.6.2 工程后闸下通道开挖地形工况

对规划方案实施后形成的闸下通道地形进行开挖,渤海湾内和闸下通道内最高潮位见图 5.37 和图 5.38。图 5.42～图 5.44 为闸下通道内最高潮位沿程分布图。从中可以看出,河口通道内最高潮位较工程前有所抬高,与闸下通道自然地形泄洪工况相比,其潮位抬高幅度有所减小。海河口通道内,9216 号台风期间和 9711 号台风期间分别平均抬高 0.07 m 和 0.07 m;永定新河口通道内,两次台风期间通道内最高潮位分别平均抬高 0.09 m 和 0.10 m;独流减河口通道内,分别平均抬高 0.11 m 和 0.09 m。

对比闸下通道开挖地形和自然地形两种工况,开发建设港区航道工程使得闸下通道内深水增加,可降低通道内风暴潮增水幅度。

表 5.5　渤海湾造陆工程后三河口通道最高潮位平均增加值

台风名称与比较项目		最高潮位平均增加值(m)		
		海河口	永定新河口	独流减河口
9216 号台风	工程后较工程前自然地形	0.12	0.11	0.16
	工程后较工程前自然地形+泄洪	0.14	0.11	0.20
	工程后较工程前开挖地形	0.06	0.06	0.10
	工程后较工程前开挖地形+泄洪	0.07	0.09	0.11
9711 号台风	工程后较工程前自然地形	0.09	0.10	0.12
	工程后较工程前自然地形+泄洪	0.10	0.11	0.16
	工程后较工程前开挖地形	0.06	0.06	0.07
	工程后较工程前开挖地形+泄洪	0.07	0.10	0.09

5.7　本章小结

(1)渤海湾是我国风暴潮灾害最严重的地区之一,风暴潮一年四季均有发生。区别于广阔大洋或大陆架上的风暴潮,在半封闭的渤海湾中,水体或多或少是以整体对大气扰动力进行反应,同时风暴潮过程受到岸线边界的明显作用。

(2)根据渤海湾风暴潮的历史记录,最高水位对当地影响是最大的,典型的风暴潮分别是 7203 号台风风暴潮、9216 号台风风暴潮、9711 号台风风暴潮、2003 年 10 月寒潮风暴潮和 1210 号台风风暴潮。本章对 9216 号台风和 9711 号台风在渤海湾内生产的风暴潮过程进行模拟。

（3）建立的风暴潮数学模型范围包含东海、黄海和渤海，开边界设置在长江北支口至韩国济州岛和济州岛至韩国本土岸线，模型中分别采用CCMP风场和经验公式计算所得的气压场作为输入参数。

（4）采用渤海湾验潮站潮位实测过程风暴潮模型进行验证，潮位和增减水幅度模型计算值与实测值吻合较好，所建立的风暴潮数学模型可运用于后续相关研究。

（5）渤海湾造陆工程前，风暴潮最高潮位受浅水变形作用影响从渤海湾口向内逐渐抬升，渤海湾湾顶沿线风暴潮最高潮位分布规律表现为由北向南逐渐增大，独流减河口附近至滨州港（即套尔河口）一带风暴潮最高潮位最高。海河口、永定新河口和独流减河口闸下风暴潮最高潮位沿程分布规律是从外海至闸下逐渐抬升，其中独流减河口闸下潮位最高，永定新河口次之，海河口较永定新河口略低。

（6）渤海湾围填海工程实施后，三河口闸下均形成较长的通道（通道内维持自然地形），通道内最高潮位因潮波浅水变形较工程前有所抬高，三河口闸下最高潮位表现为独流减河口最高，永定新河口次之，海河口较永定新河口略低。

（7）在三河口形成的通道内进行地形开挖，通道内最高潮位较工程前仍有所抬高，但与闸下通道自然地形情况下的抬高幅度相比有所减小。

（8）三河口形成通道后，通道内维持自然地形，在此条件下提闸泄洪，闸下通道内潮位不仅较工程前有所抬高，并且与河口闸下通道自然地形和不泄洪情况相比会进一步抬高。

（9）三河口形成通道后，通道内开挖地形，在此条件下提闸泄洪，通道内潮位与开挖地形和不泄洪情况相比有所抬高，但较自然地形条件下泄洪时的潮位有所降低。

（10）综上所述，渤海湾围填海工程实施后，闸下通道内维持自然地形时，潮位高于工程前；闸下通道结合开发建设港区航道等工程实施地形开挖后，潮位高于工程前，但与自然地形情况相比抬高幅度有所减小。可见，闸下通道结合开发建设港区航道等工程实施地形开挖，使得通道内深水增加，可降低通道内风暴潮增水幅度。

第 6 章

渤海湾泥沙运动及主要河口区冲淤演变

6.1 泥沙来源

在 20 世纪 60 年代初研究新港泥沙回淤时，我国严恺院士对当时关于海河口区泥沙来源的各方面研究成果进行了综述。根据 1959 年、1963—1965 年由天津港务局、北京大学、南京大学、华东师大、中科院海洋所等多家单位共同参与的海洋调查以及采用遥感信息技术等手段，蔡爱智教授于 20 世纪 80 年代从海岸水文和表层沉积等方面入手，以一百多年来海湾最新沉积层的厚度等为证据，研究并诠释了渤海湾泥沙主要来源的动态过程。综合上述研究成果，结合渤海湾潮流数学模型计算成果、渤海湾表层沉积物类型分布图（见图 6.1）和工程区海域遥感信息图片资料分析等，形成如下基本观点。

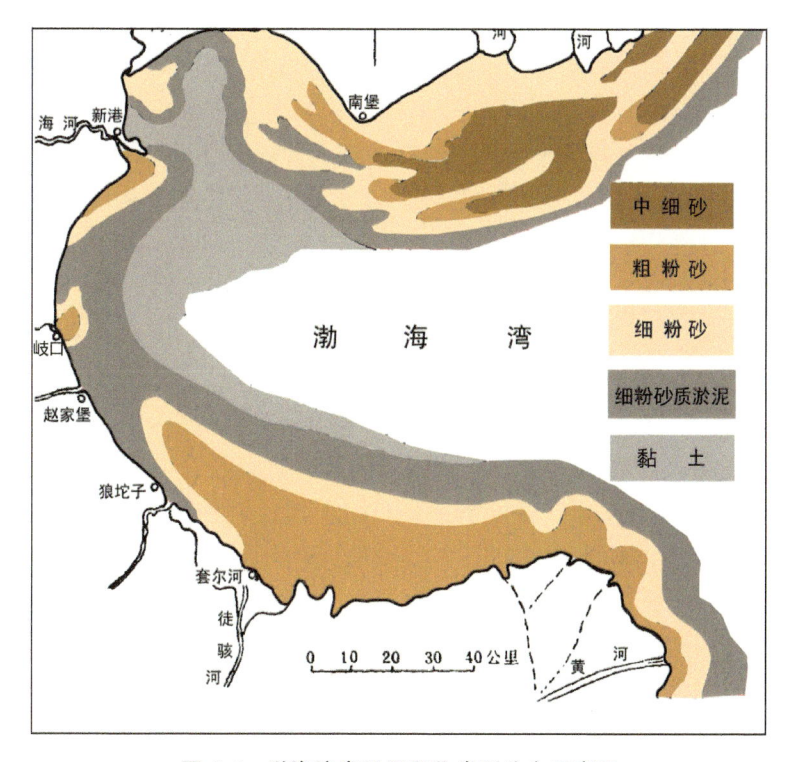

图 6.1　渤海湾表层沉积物类型分布示意图

（1）历史上黄河多次改道入渤海湾，因此黄河与渤海湾海岸、海底的形成和发展有着极为密切的联系。黄河每年平均输沙量为 13.3 亿吨，中值粒径为 0.025 mm，其中粒径小于 0.005 mm 的占 19%。入海泥沙粒径相对较大的部分沉积在黄河口外,形成河口沙嘴,使河口不断向外海延伸;粒径较小的细颗粒泥沙随渤海湾涨落潮流向河口两侧扩散。黄河入海泥沙在风浪的作用下,可能随着潮流经过悬移、沉降、再悬移、再向前运移的反复过程向渤海湾内移动,这种移动过程以沿渤海湾南岸漳卫新河口以南一带最为显著。独流减河口附近海域沉积物属于细粉砂质淤泥。

(2) 1972—2000年永定新河上游径流及沿程各汇入支流径流资料统计结果表明,该河上游来流量逐年减少,入海径流主要来自尾部汇入的潮白新河和蓟运河,两支流多年平均汇入径流占入海径流总量的78%。入海径流量年际丰枯悬殊,年内汛期集中,多年平均入海径流为15.816亿 m³/a,其中汛期平均入海径流量为12.155亿 m³/a。本书第1章对永定新河多年平均入海径流和沙量进行了统计分析,20世纪70年代年平均入海径流量为27.508亿 m³/a,80年代为7.811亿 m³/a,90年代为13.298亿 m³/a,多年平均径流量呈逐年减少的趋势。

(3) 海河口建闸前,海河平均每年有812.73万 m³ 泥沙入海,这部分泥沙对海河口附近海域的岸滩冲淤历史演变起到了重要作用。海河口建闸后,入海泥沙大幅度减少,特别自20世纪70年代起,入海泥沙几乎为零。同期,独流减河和滦河的入海泥沙也微乎其微。

6.2 永定新河口新淤淤泥

2000年7月和2005年4月,南京水利科学研究院对永定新河口外海域进行了淤泥现场调查,淤泥容重观测使用该院自行研制的双管叉式γ-射线密度仪,该仪器可以在底泥原状条件下,利用γ-射线透射法测量海底床面淤泥容重。2000年7月的勘测结果如图6.2和图6.3所示。由图可见,河口外海床面存在大片新淤淤泥,容重为1.05~1.3 t/m³,厚度为0.5~1.6 m。这些新淤淤泥极易在风浪的作用下被掀起并随波浪潮流的综合作用向岸边输移,因此恶劣天气条件下该区域含沙量会显著增大。

图6.4和图6.5所示为2005年4月淤泥容重测量结果,与2000年的测量结果相比,河口外依然有新淤淤泥存在,位置主要在天津港外航道北侧的抛泥区和永定新河口外的浅滩上,新淤淤泥分布范围变化不大,但淤泥厚度在0.2~0.8 m之间并有降低的趋势。据初步分析,导致淤泥厚度减小的原因可能是近年来河口外抛泥地疏浚弃土的减少。

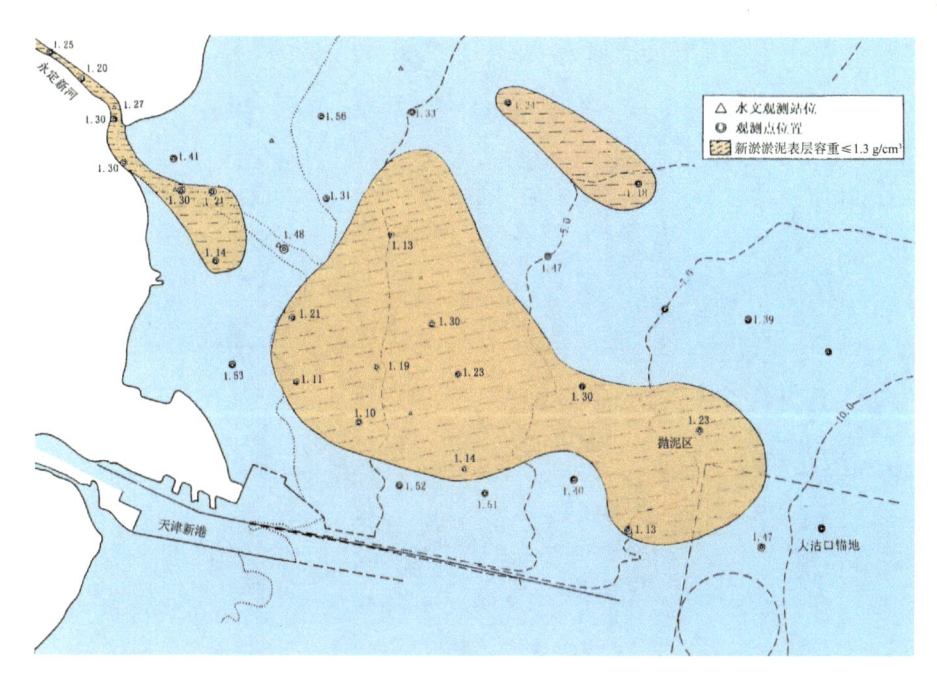

图6.2　永定新河口区底床新淤淤泥表层容重分布(2000年7月测量)

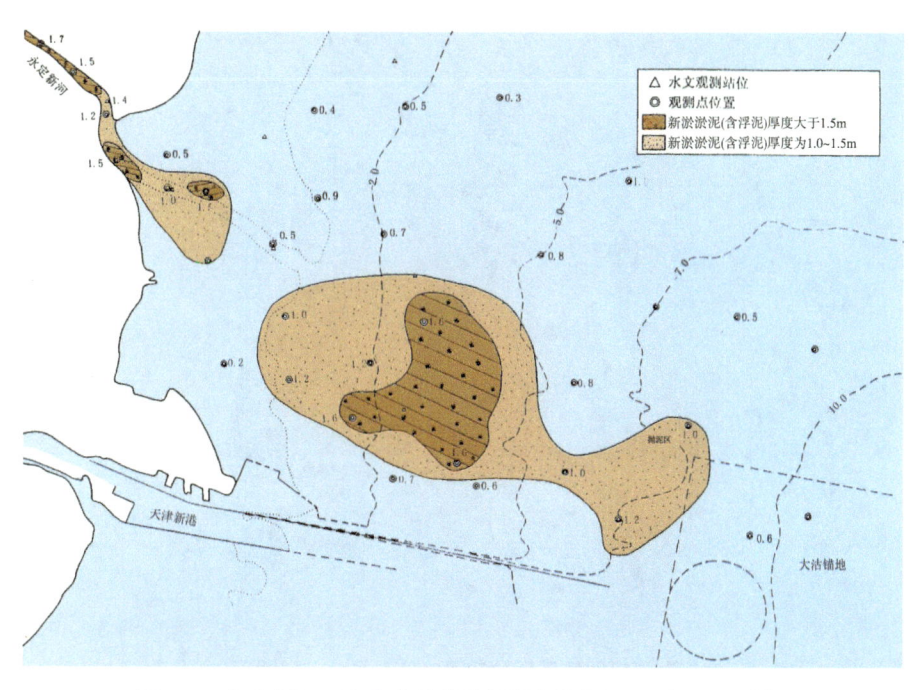

图6.3　永定新河口区底床新淤淤泥厚度分布(2000年7月测量)

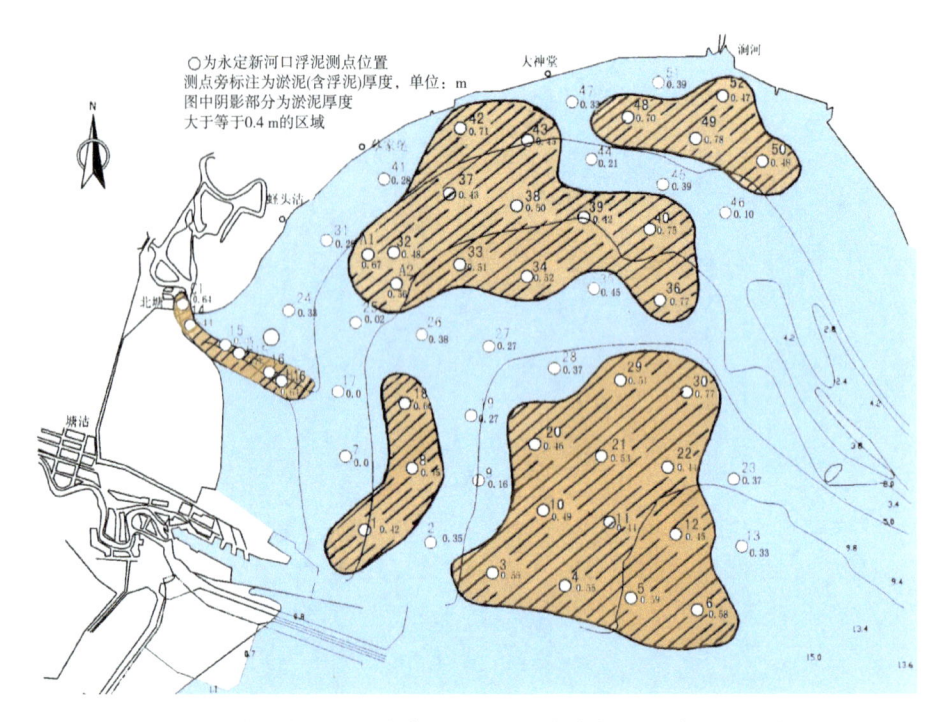

图 6.4　永定新河口区底床新淤淤泥厚度分布（2005 年 4 月测量）

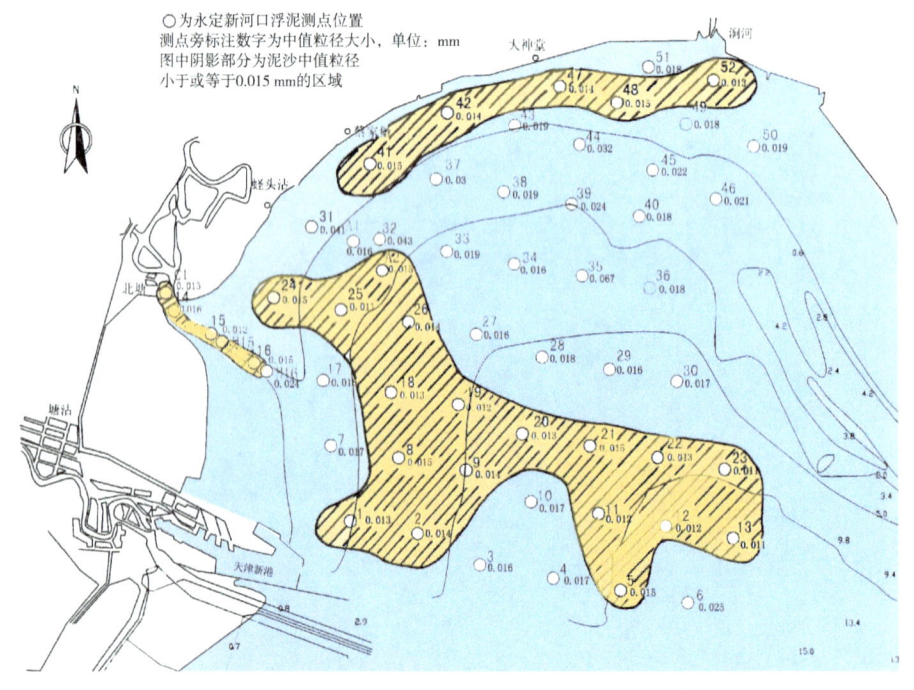

图 6.5　永定新河口区底床新淤淤泥中值粒径分布（2005 年 4 月测量）

6.3 含沙量

6.3.1 永定新河口

6.3.1.1 含沙量一般特性分析

1997年5月大、中、小潮期间和2000年7月大潮期间河口区海域的含沙量现场测量统计结果见表6.1。从表中可见，闸址附近河槽的1#测点（63+000）在大潮涨落期间，含沙量分别近17.25 kg/m³和11.25 kg/m³，在小潮期间分别约为4.59 kg/m³和2.50 kg/m³；近岸的2#测点（67+000）在大潮涨潮期间含沙量也有7.57 kg/m³，离岸略远的3#（71+000）和5#测点的含沙量继续减小，离岸最远的4#测点（76+000）在大潮涨潮期间含沙量减至约0.87 kg/m³。

根据对多次全潮水文测验含沙量资料的分析，河口区海域含沙量主要特征如下：(1) 涨潮含沙量大于落潮含沙量，大潮含沙量大于小潮含沙量。显示出潮流动力越强，含沙量越大。(2) 实测含沙量呈现离岸越近含沙量越大的分布，即水深越浅含沙量越大，垂线含沙量一般为底层大、表层小。(3) 风浪对含沙量大小有显著的影响。

图6.6和图6.7为2010年4月现场水文测验各测点的含沙量和潮位过程，一般特征为：潮流动力越强，含沙量越大，即大潮含沙量大于小潮含沙量；离岸越近含沙量越大，即水深越浅含沙量越大，垂线含沙量一般为底层大、表层小。

6.3.1.2 卫星遥感资料水体含沙量分析

淤泥质海滩的含沙量取决于风浪的大小和潮流的强弱，常规海洋水文测量由于受到测量条件的限制，难以测得风浪较大天气条件下的水体含沙量。利用遥感技术，通过分析卫星影像数据资料便可获得典型天气条件下的水体含沙量，从而弥补常规水文测验的不足。

我们收集了自1976年以来不同时期渤海湾地区的卫星遥感图像，典型天气条件下的渤海湾含沙量场分布见图6.9和图6.10。依据1997年5月、2000年3月、2005年6月和2006年4月的卫星遥感图像对含沙量进行定量分析，结果见图6.8和表6.2（图表中里程起始点为64+000）。

表6.1 1997年5月大、中、小潮期间和2000年7月大潮涨、落潮期间含沙量现场统计值

单位：kg/m³

			0#(58+000)	1#(63+000)	2#(67+000)	3#(71+000)	4#(76+000)	5#	6#	7#
1997年5月	15日—16日 小潮	涨潮	47.168	4.589	4.019	1.531	0.254		0.347	0.383
		落潮	118.68	2.502	1.833	1.015	0.122		0.229	0.366
	19日—20日 中潮	涨潮	78.200	0.398	3.012	1.509	0.246		0.256	0.286
		落潮	114.67	2.816	2.362	1.942	0.212		0.293	0.163
	24日—25日 大潮	涨潮	103.30	17.245	7.565		0.866	3.679	0.61	0.314
		落潮	120.7	11.245	5.095		0.739	1.857	0.572	0.285
2000年7月	19日—20日 大潮	涨潮	12.090	6.653	0.801	0.774	0.576	0.581	0.568	0.255
		落潮	15.520	5.247	2.24	0.537	0.672	0.417	0.524	0.189

从图表中可以看到：1997 年 5 月 25 日含沙量最大，该次卫星成像前曾出现 SE 向大风，风速大于 10 m/s，且持续作用 10 多个小时，可见风浪对含沙量的影响较大。图表信息还表明，含沙量值随水深变浅而增大，在离岸 10 km 附近含沙量有明显的拐点：拐点以外的外海水体含沙量明显减小，拐点以内的近岸水体含沙量较大且变化幅度也较大，近岸 6 km 以内的含沙量最大可达 6 kg/m³ 左右。

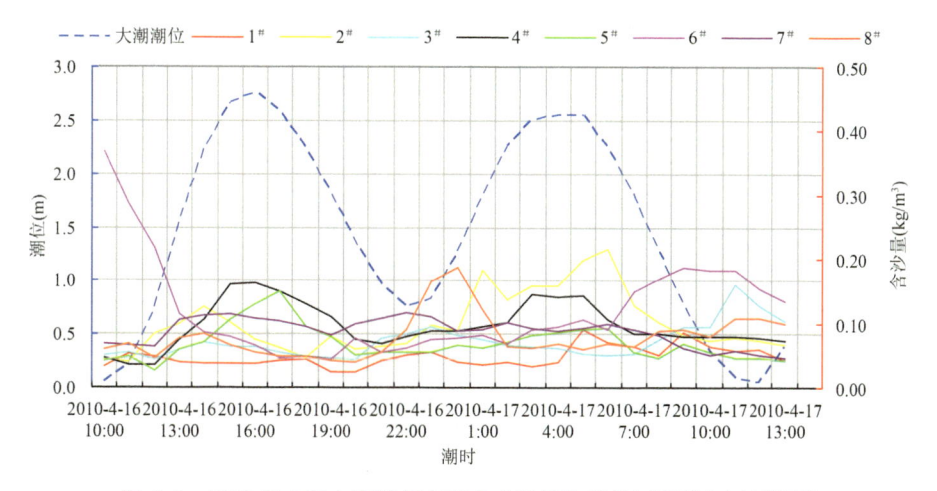

图 6.6　2010 年 4 月大潮期间各测点含沙量和潮位过程线（大沽基面）

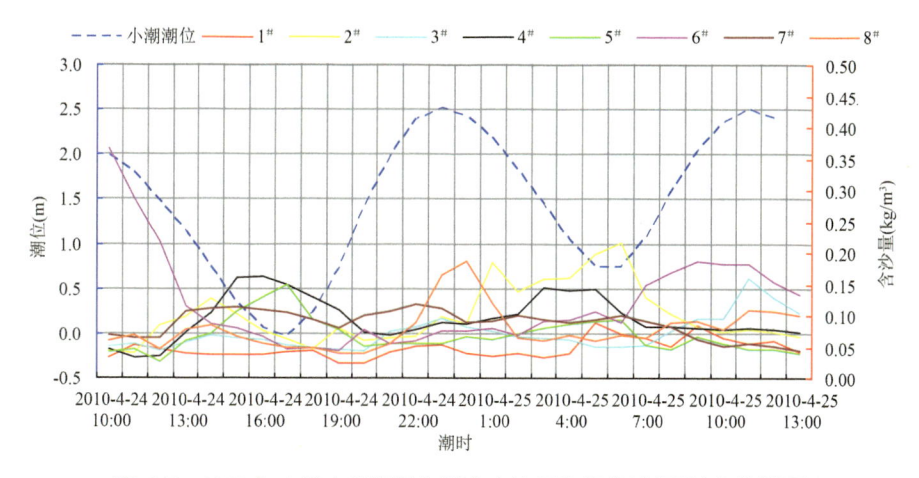

图 6.7　2010 年 4 月小潮期间各测点含沙量和潮位过程线（大沽基面）

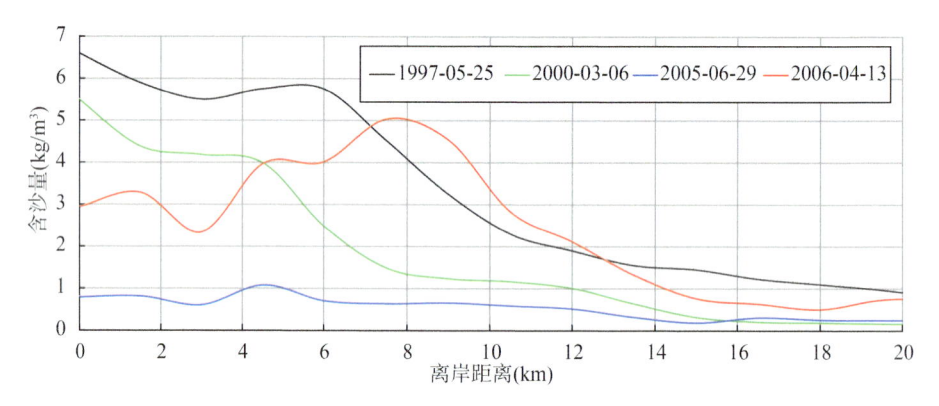

图 6.8　永定新河口深槽纵向沿程卫星遥感含沙量计算结果

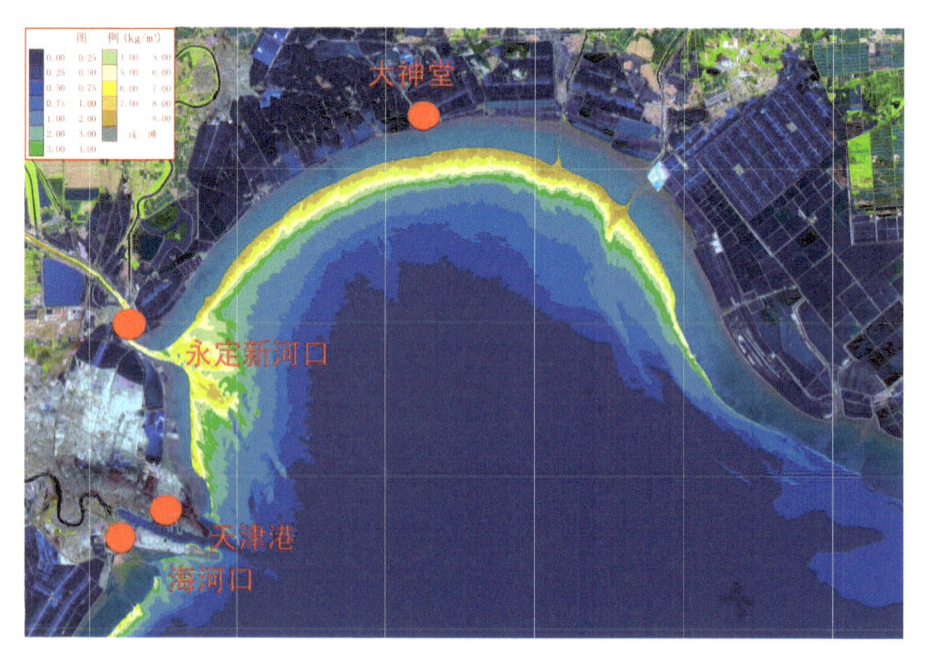

图 6.9　1997 年 5 月 25 日渤海湾永定新河口海域卫星遥感含沙量分布图

(潮情:大潮落急;风况:SE5.1 m/s。1997 年 5 月 23 日—24 日有连续大风,最大 ESE14.1 m/s)

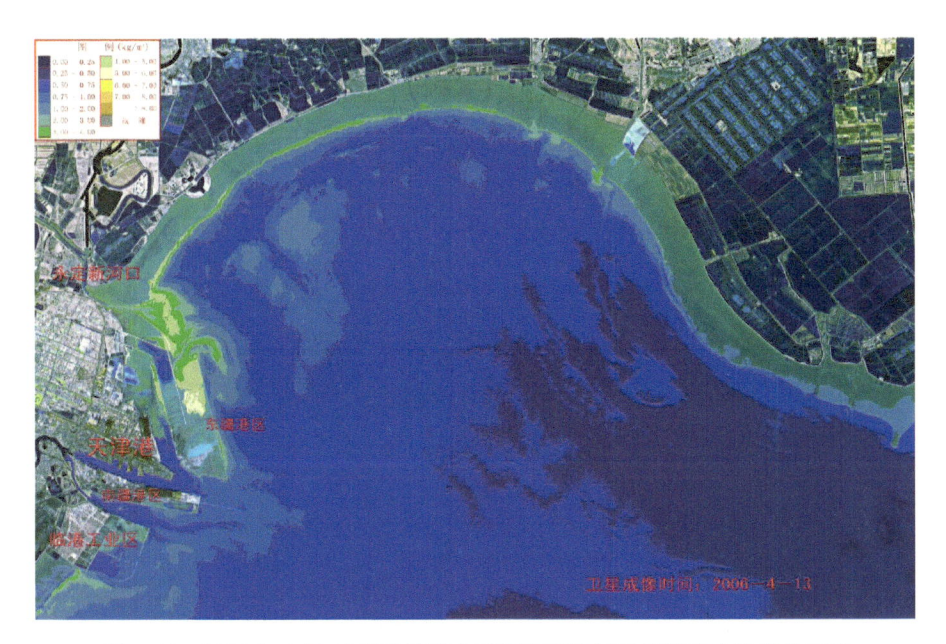

图 6.10　2006 年 4 月 13 日渤海湾永定新河口海域卫星遥感含沙量分布图

表 6.2　永定新河口不同时期卫星遥感含沙量定量分析计算　　单位:kg/m³

离岸里程(km)	滩地高程 (m,理论基面)	1997-05-25	2000-03-06	2005-06-29	2006-04-13
0	2.00	6.60	5.50	0.80	2.95
1.5	1.70	5.90	4.40	0.83	3.30
3.0	0.75	5.50	4.20	0.62	2.35
4.5	0.50	5.75	4.00	1.09	3.98
6.0	−0.15	5.75	2.50	0.72	4.03
7.5	−1.00	4.52	1.50	0.65	5.05
9.0	−1.95	3.25	1.25	0.67	4.55
10.5	−2.30	2.30	1.18	0.60	2.84
12.0	−3.10	1.90	1.02	0.53	2.13
13.5	−3.80	1.55	0.65	0.33	1.33
15.0	−4.40	1.45	0.33	0.20	0.78
16.5	−4.90	1.23	0.22	0.32	0.65
18.0	−5.50	1.10	0.20	0.27	0.52

续表

离岸里程(km)	滩地高程 (m,理论基面)	1997-05-25	2000-03-06	2005-06-29	2006-04-13
19.5	-6.00	0.97	0.18	0.26	0.75
21.0	-6.60	0.78	0.17	0.27	0.78

6.3.1.3 河口区年平均含沙量分析计算

通过以上对河口区含沙量特性的分析可知，不同天气条件下，含沙量的变化较大。为深入研究永定新河口建闸后闸下河道泥沙冲淤变化，需要确定河口区海域不同水深的年平均含沙量分布情况。

对于淤泥质浅滩含沙量的变化规律，《海港水文规范》推荐采用刘家驹公式：

$$S = 0.0273\gamma_s \left(\frac{|V_1| + |V_2|}{\sqrt{gh}}\right)^2 \tag{6.1}$$

其中，$\vec{V_1} = \vec{V_T} + \vec{V_U}$，$\vec{V_U} = 0.02\vec{W}$，$\vec{V_2} = 0.2\dfrac{H}{h}C$。式中：$S$ 为垂线平均含沙量(kg/m^3)；γ_s 为泥沙颗粒容量，可取 2 650 kg/m^3；h 为水深(m)；$\vec{V_2}$ 为波浪水质点平均水平速度(m/s)，$\vec{V_T}$ 为潮流的时段平均流速(m/s)，$\vec{V_U}$ 为风吹流时段平均流速(m/s)，$\vec{W}$ 为时段平均风速(m/s)，H 和 C 分别为波高(m)和波速(m/s)。该公式已被应用于国内多处淤泥质海岸港口及航道的淤积计算，并得到了良好的验证。

孙林云等学者在研究永定新河口区海域水动力条件及泥沙问题时，依据多次实测资料总结出了适合于该区域不同水深的含沙量计算公式：

$$S = 4.345 \times 10^{-6} \left(\frac{\gamma_s}{\gamma_w}\right)^{12.8} \frac{(|V_w| + |V_c|)^3}{gh\omega} \tag{6.2}$$

式中：$V_w = 0.2\dfrac{H}{h}C$，为波浪水质点平均水平速度(m/s)；V_c 为潮流时段平均流速(m/s)；ω 为细颗粒泥沙絮凝沉降速度(m/s)；γ_w 为浮泥容量，在工程区附近可取 1 200 kg/m^3。

结合河口区海域代表波要素的浅水变形计算结果以及实测潮流流速统计资料，运用上述两公式对河口区海域的年平均含沙量特征值进行分析计算。计算中的波要素分别考虑新港灯船站和灯塔站代表波，结果见表 6.3 和图

6.11（离岸距离起始点为 64+000）。从图表可见，两式的计算结果在总体趋势上接近，取其平均值作为进一步分析和物理模型试验研究的基础资料。

表 6.3　工程区海域年平均含沙量分析估算

离岸距离 (km)	滩地高程 (m, 理论基面)	平均水深 (m)	式(1) 年均含沙量(kg/m³) 波况1	波况2	式(2) 年均含沙量(kg/m³) 波况1	波况2	含沙量平均值 (kg/m³)
1.5	1.70	0.86	5.08	5.28	9.76	8.77	7.22
2.5	0.80	1.76	1.75	1.90	2.57	2.48	2.18
3.5	0.70	1.86	1.49	1.62	2.03	1.94	1.77
4.5	0.50	2.06	1.22	1.32	1.52	1.45	1.38
5.5	0.20	2.36	0.96	1.05	1.10	1.06	1.04
6.5	−0.50	3.06	0.66	0.73	0.68	0.66	0.68
7.5	−1.00	3.56	0.53	0.59	0.52	0.52	0.54
8.5	−1.70	4.26	0.42	0.47	0.39	0.39	0.42
9.5	−2.20	4.76	0.37	0.41	0.34	0.34	0.36
10.5	−2.30	4.86	0.37	0.41	0.34	0.34	0.36
11.5	−2.90	5.46	0.32	0.36	0.29	0.29	0.32
12.5	−3.30	5.86	0.30	0.33	0.27	0.27	0.29
13.5	−3.80	6.36	0.27	0.31	0.25	0.25	0.27
18.5	−5.50	8.06	0.23	0.25	0.21	0.21	0.22

注：波况 1，$H_{1/10}=0.84$ m，全年 $P=65.90\%$；波况 2，$H_{1/10}=0.65$ m，全年 $P=90.21\%$。

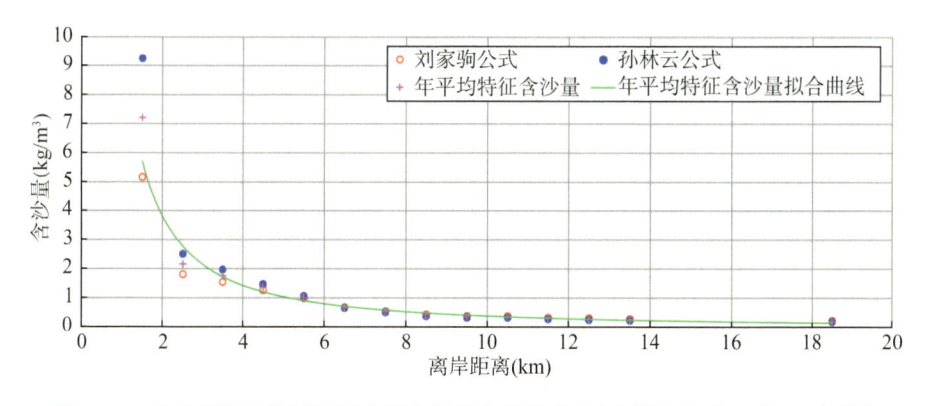

图 6.11　永定新河口海域不同水深年平均含沙量分布（离岸距离以 64+000 起算）

6.3.2 海河口

6.3.2.1 含沙量一般特性分析

三河口规划给出了海河口中泓线含沙量沿程测量资料,见表 6.4。天津水运工程科学研究院对天津港和海河口积累的现场资料的分析结果见表 6.5 和表 6.6(根据 2004 年 5 月 26 日—27 日、7 月 28 日—29 日、10 月 27 日—28 日、12 月 23 日—24 日和 2005 年 4 月 2 日—3 日共 5 次水文全潮资料)。天津水运工程科学研究院对海河口水体含沙量一般特性的分析如下。

含沙量的时间分布特征。从表 6.6 可知,夏季水体含沙量最小,平均(表中的 5 月份和 7 月份实测)约为 0.06 kg/m³;秋季(10 月份实测)约为 0.09 kg/m³;冬季(12 月份实测)最大,平均约为 0.121 kg/m³,为夏季的 2.2 倍;春季(4 月份实测)为 0.08 kg/m³。各季含沙量的变化主要是受气候的影响。从本区的气象资料分析来看,夏季为无风季,风浪较弱,秋、春两季受寒潮的影响,风浪增强,冬三月的风浪最强。因此,本海域水体含沙量的高低主要取决于风浪的强弱及风时的长短等。

含沙量的空间(平面)分布特征。从实测资料来看,本海域含沙量的离岸分布呈由大到小的规律。由资料可见,在 -2 m 水深处($1^{\#}$ 点)平均含沙量约为 0.094 kg/m³,向外至 -5.0 m 水深处($2^{\#}$ 点),平均含沙量约为 0.073 kg/m³,水体含沙量有较大幅度的下降;而到 -7 m 水深处($3^{\#}$ 点),平均含沙量降至 0.070 kg/m³,比 -5 m 线有所降低但不明显。表明本海域的高含沙水域主要是在 -5 m 线以内,即在波浪破碎带之内,而外海水域由于水深增加导致风浪掀沙能力相对减弱,含沙量变小。

含沙量的潮段分布特征。各次实测含沙量的平均值,涨潮潮段为 0.080 kg/m³,落潮潮段为 0.075 kg/m³。涨、落潮段含沙量基本持平,涨潮段内的含沙量略大于落潮段。

从以上分析可知,淤泥质海滩的含沙量取决于风浪的大小、滩地上水深的深浅和潮流的强弱。

表 6.4　现场水文测验实测海河口中泓线含沙量沿程分布

站位		1	0	2	4	15	6	16	17	11	1号沽	13
闸下里程(km)		0.40	0.67	1.00	1.90	2.75	3.40	4.50	5.70	8.70	11.0	15.0
含沙量 (kg/m³)	涨潮	0.78	1.36	4.17	3.16	2.34	2.40	1.09	0.80	0.41	0.16	0.07
	落潮	0.20	0.21	0.10	0.24	0.62	1.14	1.26	0.47	0.20	0.09	0.08

表 6.5　天津港口门外航道纵向年平均含沙量

航道里程(km)	口门	10	11	12	13	14	15	16	17	18	19	20
年平均含沙量（kg/m³）	0.21	0.25	0.25	0.21	0.16	0.10	0.09	0.08	0.07	0.06	0.05	0.04

表 6.6　海河口各季实测涨、落潮平均含沙量　　　　单位：kg/m³

测点		1#	2#	3#	月份平均值
涨潮平均值	5月	0.074	0.037	0.041	0.051
	7月	0.097	0.05	0.043	0.063
	10月	0.127	0.087	0.053	0.089
	12月	0.107	0.127	0.121	0.118
	4月	0.075	0.075	0.085	0.078
落潮平均值	5月	0.057	0.034	0.04	0.044
	7月	0.094	0.045	0.049	0.063
	10月	0.12	0.086	0.05	0.085
	12月	0.108	0.121	0.113	0.114
	4月	0.075	0.065	0.073	0.071
全潮平均值	5月	0.066	0.035	0.04	0.047
	7月	0.096	0.048	0.046	0.063
	10月	0.124	0.087	0.052	0.088
	12月	0.107	0.124	0.131	0.121
	4月	0.075	0.07	0.079	0.075
测点平均值		0.094	0.073	0.070	0.079

6.3.2.2　卫星遥感资料水体含沙量分析

常规海洋水文测量由于受到测量条件的限制，难以测得风浪较大天气条件下的水体含沙量。用遥感技术，通过分析卫星影像数据资料便可获得典型天气条件下的水体含沙量，从而弥补常规水文测验的不足。

在本项研究中，我们收集了自1976年以来不同时期渤海湾地区的卫星遥感图像，并进行含沙量场分析，海河口区典型天气条件下的含沙量场分布见图

6.13~图 6.15。根据卫星遥感图,海河口离岸沿程含沙量的分析结果见表 6.7 和图 6.12。经图表对比发现,1997 年 5 月 25 日含沙量最大,近岸最大含沙量可达 2.1 kg/m³,该次卫星成像前曾出现 SE 向大风,风速大于 10 m/s,且持续作用 10 多个小时,可见风浪对含沙量影响较大。

表 6.7　海河口不同时期卫星遥感含沙量定量分析计算

航道里程(km)	含沙量(kg/m³)						
	1997-05-25	2000-03-06	2000-05-01	2000-07-12	2002-10-06	2006-04-13	2008-09-12
0	0.77	0.49	1.04	1.18	0.29	0.4	0.47
2	1.31	0.92	1.07	1.24	0.38	0.8	0.29
4	1.35	1.18	0.86	1.12	0.41	0.75	0.31
6	2.1	0.83	0.6	0.81	0.69	0.46	0.35
8	1.39	0.56	0.54	0.58	0.18	0.33	0.35
12	0.63	0.65	0.26	0.25	0.15	0.27	1.25
17	0.22	0.22	0.19	0.17		0.65	0.67

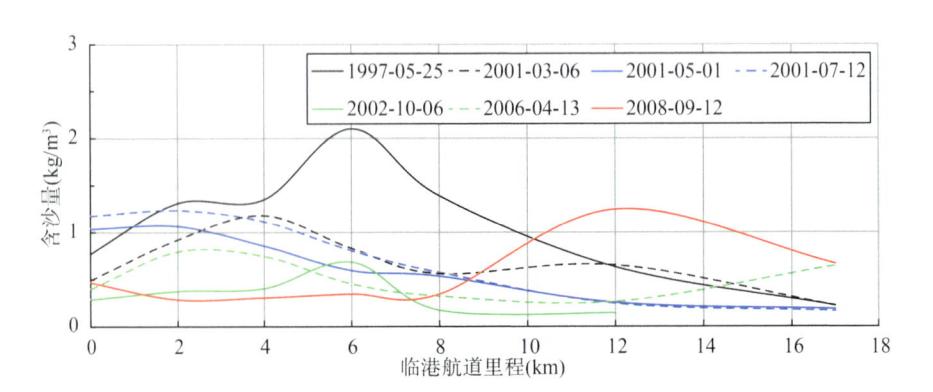

图 6.12　海河口卫星遥感含沙量沿程分布

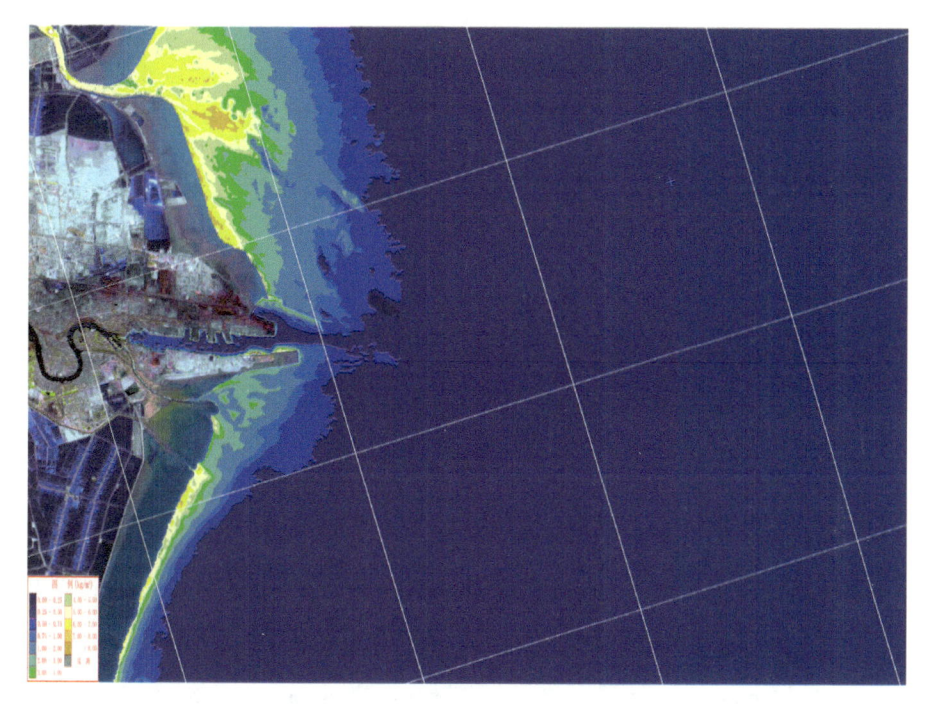

图 6.13 1997 年 5 月 25 日海河口海域卫星遥感含沙量分布图

图 6.14 2006 年 4 月 13 日海河口海域卫星遥感含沙量分布图

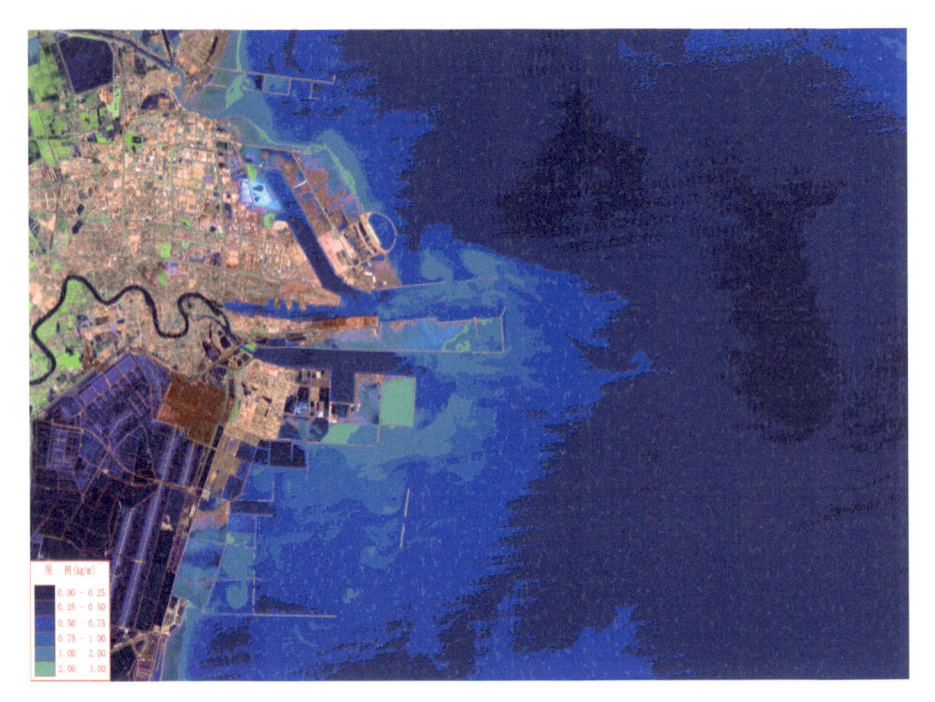

图 6.15　2008 年 9 月 12 日海河口海域卫星遥感含沙量分布图

6.3.2.3　河口区年平均含沙量分析计算

根据波能流平均法所确定的代表波的浅水变形数学模型计算成果和风、潮流资料，应用公式(6.1)和公式(6.2)分析估算"工程前"不同水深具有年平均意义的垂线平均含沙量，结果见表 6.8。年平均、2 年一遇和 50 年一遇波浪条件下垂线平均含沙量的离岸分布状况见图 6.16。临港港区规划口门的航道里程约为 15 km，"工程前"年平均、2 年一遇和 50 年一遇波浪条件下港区口门位置的水体平均含沙量分别为 0.15 kg/m³、1.20 kg/m³ 和 2.10 kg/m³。

表 6.8　工程区海域无工程条件下不同水深年平均含沙量分析估算

航道里程 (km)	滩地高程 (m，新港理论)	平均水深 (m)	波况 1 年均含沙量(kg/m³)　式(1)	波况 1 年均含沙量(kg/m³)　式(2)	波况 2 年均含沙量(kg/m³)　式(1)	波况 2 年均含沙量(kg/m³)　式(2)	平均值 (kg/m³)
0	2.30	0.26	2.26	0.66	2.74	0.69	1.59
2	0.60	1.96	0.90	0.88	0.91	0.68	0.84
4	−0.68	3.24	0.48	0.41	0.52	0.37	0.45

续表

第6章 渤海湾泥沙运动及主要河口区冲淤演变

航道里程(km)	滩地高程(m,新港理论)	平均水深(m)	波况1 年均含沙量(kg/m³) 式(1)	波况1 年均含沙量(kg/m³) 式(2)	波况2 年均含沙量(kg/m³) 式(1)	波况2 年均含沙量(kg/m³) 式(2)	平均值(kg/m³)
6	−1.93	4.49	0.34	0.27	0.36	0.25	0.30
8	−2.90	5.46	0.25	0.19	0.27	0.17	0.22
10	−3.89	6.45	0.19	0.13	0.21	0.12	0.16
12	−4.94	7.50	0.18	0.13	0.20	0.12	0.15
14	−6.06	8.62	0.16	0.12	0.18	0.11	0.14
16	−6.68	9.24	0.16	0.13	0.18	0.12	0.15
17	−7.19	9.75	0.16	0.12	0.17	0.12	0.14
18	−7.70	10.26	0.15	0.13	0.17	0.12	0.14
19	−8.15	10.71	0.15	0.12	0.16	0.12	0.14
20	−8.60	11.16	0.14	0.12	0.16	0.12	0.14
21	−9.10	11.66	0.14	0.12	0.16	0.12	0.13
22	−9.61	12.17	0.14	0.12	0.15	0.12	0.13
23	−10.13	12.69	0.13	0.12	0.15	0.11	0.13
24	−10.66	13.22	0.13	0.12	0.14	0.11	0.13
25	−11.09	13.65	0.13	0.12	0.14	0.11	0.12
26	−11.53	14.09	0.13	0.11	0.14	0.11	0.12
27	−12.09	14.65	0.12	0.11	0.14	0.11	0.12
28	−12.65	15.21	0.12	0.11	0.13	0.11	0.12
29	−13.28	15.84	0.12	0.11	0.13	0.11	0.11
30	−13.92	16.48	0.11	0.10	0.12	0.10	0.11

注:波况1,$H_{1/10}=0.84$ m,全年频率 $P=65.90\%$;波况2,$H_{1/10}=0.65$ m,全年频率 $P=90.21\%$。计算潮位取平均潮位。

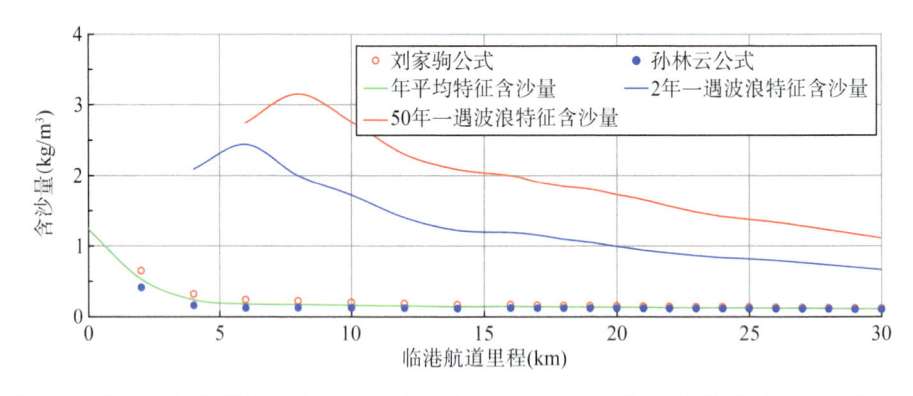

图 6.16　海河口"工程前"年平均、2 年一遇波浪和 50 年一遇波浪条件下特征含沙量离岸分布

6.3.3　独流减河口

6.3.3.1　含沙量一般特性分析

独流减河口海域 2009 年 5 月—6 月水文测验中各测站的垂线平均含沙量特征值见表 6.9，含沙量与潮位关系的实测过程线参见图 6.17 和图 6.18。图 6.19 和图 6.20 为南港工业区 2011 年 6 月水文测验期间含沙量与潮位关系的实测过程线。

表 6.9　独流减河口海域实测垂线平均含沙量特征值　　单位：kg/m^3

测站	最大含沙量		最小含沙量		全潮平均含沙量	
	大潮	小潮	大潮	小潮	大潮	小潮
1#	0.059	0.043	0.010	0.002	0.023	0.017
2#	0.024	0.023	0.002	0.002	0.008	0.006
3#	0.015	0.005	0.002	0.002	0.006	0.003
4#	0.041	0.108	0.004	0.003	0.018	0.027
5#	0.033	0.027	0.002	0.003	0.007	0.011
6#	0.028	0.031	0.002	0.002	0.009	0.013
7#	0.082	0.088	0.013	0.007	0.031	0.027
8#	0.028	0.023	0.002	0.002	0.008	0.010
9#	0.011	0.003	0.002	0.002	0.004	0.003

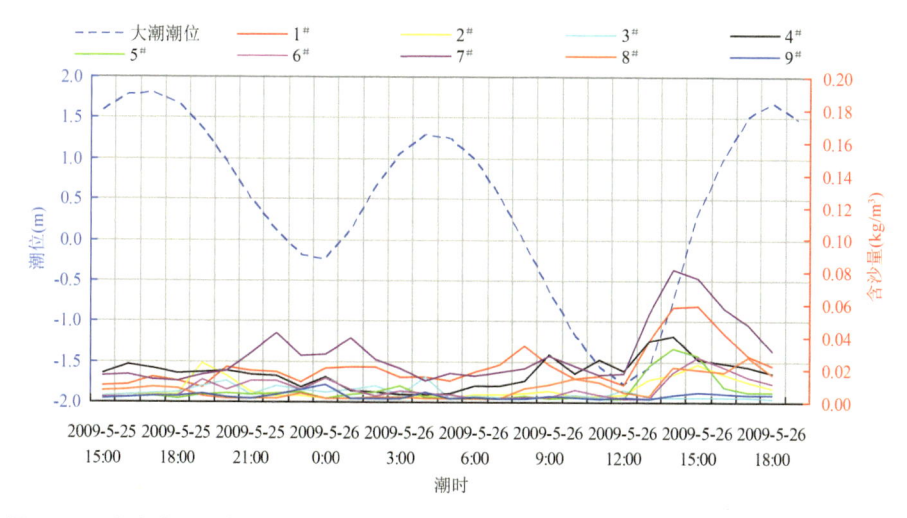

图 6.17 独流减河口海域 2009 年 5 月水文测验期间（大潮）各站垂线含沙量和潮位过程线

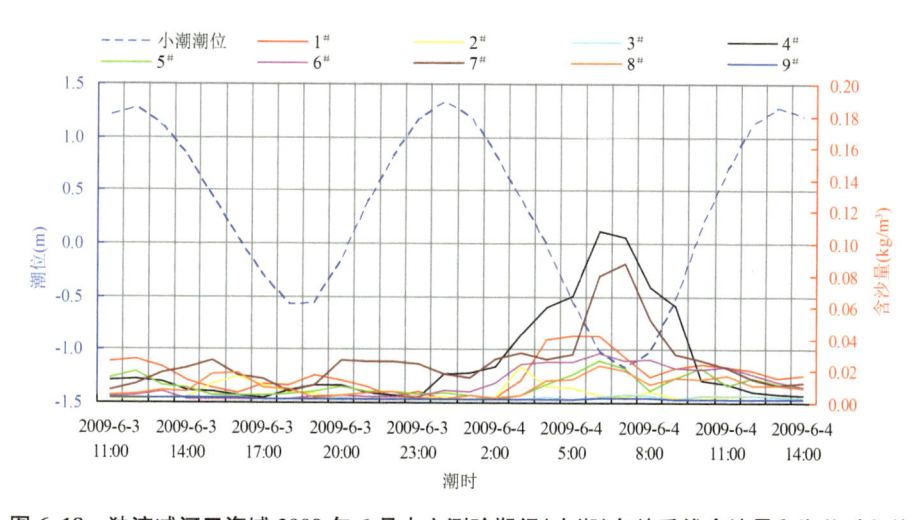

图 6.18 独流减河口海域 2009 年 6 月水文测验期间（小潮）各站垂线含沙量和潮位过程线

如前文所述，影响近岸海域水体含沙量的因素较多，一般取决于当地的水动力强度（风浪大小及其方向、潮流强弱）和海滩泥沙特性。一般而言，含沙量与潮流、风浪动力、水深及当地滩面泥沙粒径有关。由水文测验各测站实测含沙量图表可知，全潮平均含沙量和最小含沙量与潮流动力及水深之间的关系比较单一，即全潮平均含沙量和最小含沙量与潮流动力呈正比、与水深呈反比；最大含沙量则与水深基本呈反比关系，但与潮流大小的正比关系并不十分明显。由于最大含沙量的出现只是一个短暂的瞬间，因此，潮流动力并非决定实测最大含沙量的最主要因素，可能同时还要受到水深、风浪和泥沙粒径等因素的制约。

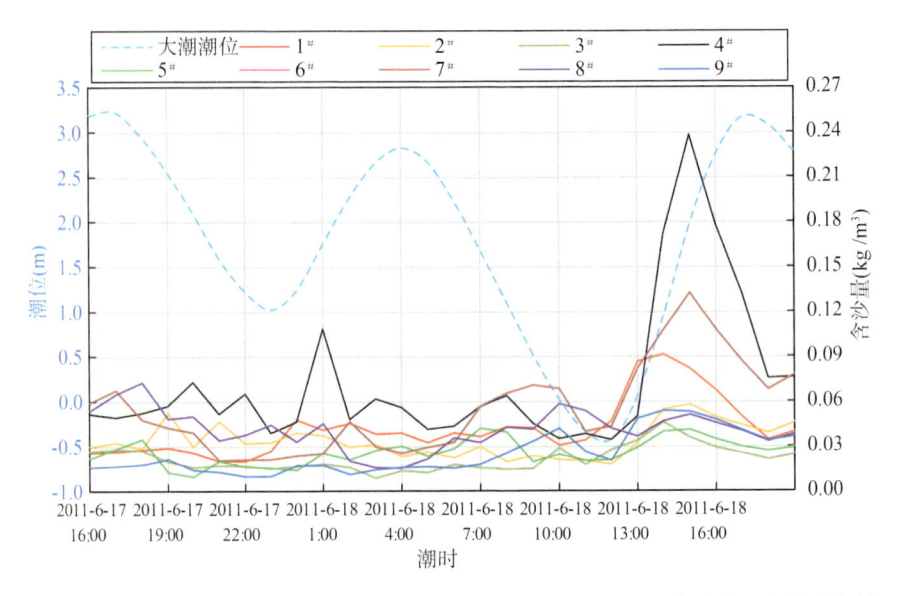

图 6.19　南港工业区 2011 年 6 月水文测验期间（大潮）各站垂线含沙量和潮位过程线

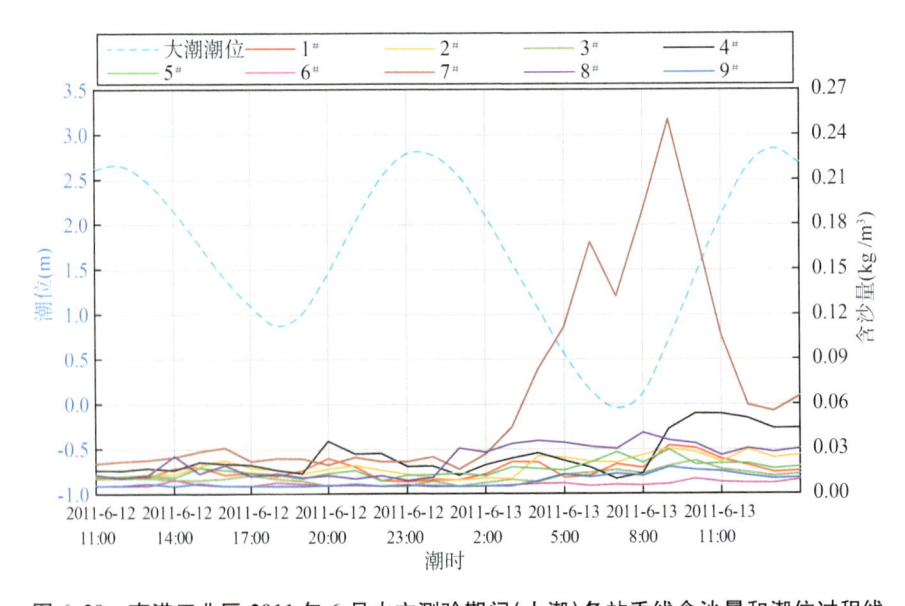

图 6.20　南港工业区 2011 年 6 月水文测验期间（小潮）各站垂线含沙量和潮位过程线

6.3.3.2　卫星遥感资料水体含沙量分析

卫星遥感资料含沙量分析是用于了解工程研究区水体含沙量的一种有效

技术手段。图 6.21～图 6.28 是 1976—2009 年间不同气象和潮情条件下的渤海湾水域含沙量卫星遥感信息图。由图可知,不同风向、风速(风浪)和潮情条件下,独流减河口乃至渤海湾内近岸水域含沙量变化较大。一般而言,风浪越大、水深越小,水域水体含沙量就越大。

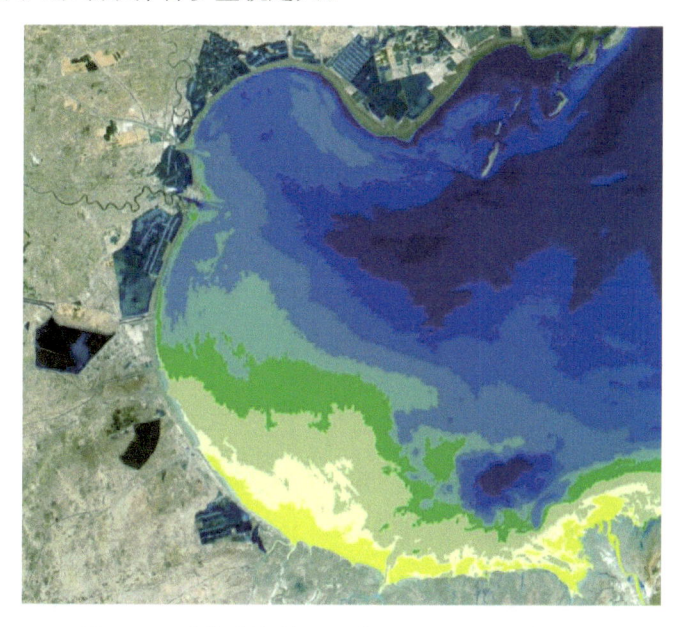

图 6.21　渤海湾海域 1976 年 3 月 23 日卫星遥感图

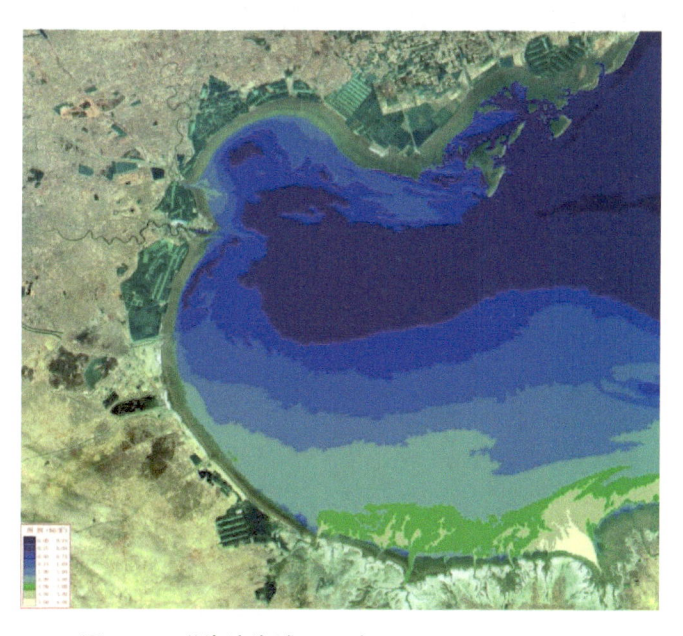

图 6.22　渤海湾海域 1981 年 4 月 20 日卫星遥感图

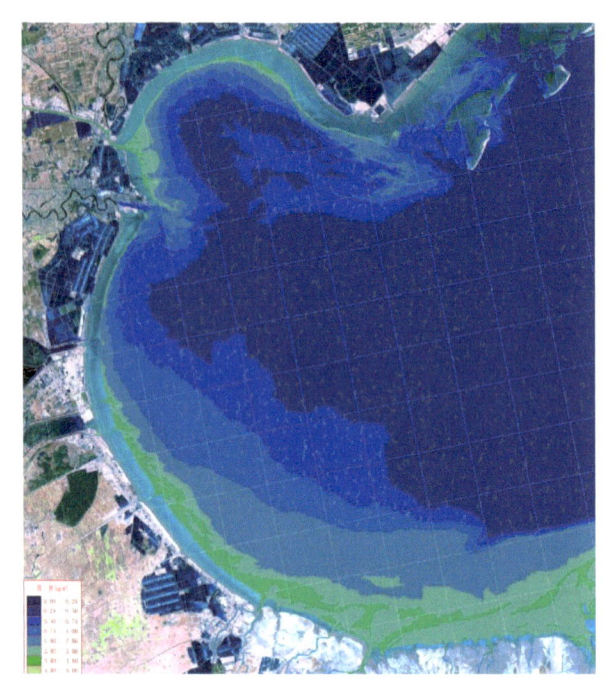

图 6.23　渤海湾海域 1988 年 11 月 24 日卫星遥感图

图 6.24　渤海湾海域 1997 年 5 月 25 日卫星遥感图
(中潮落平前 2 h;潮位 1.30 m,理论基面;风向:SE;风速:5.1 m/s)

图 6.25 渤海湾海域 2006 年 4 月 13 日卫星遥感图
（大潮落平;潮位:44 cm,大沽基面;风向:NE;风速:9.0 m/s）

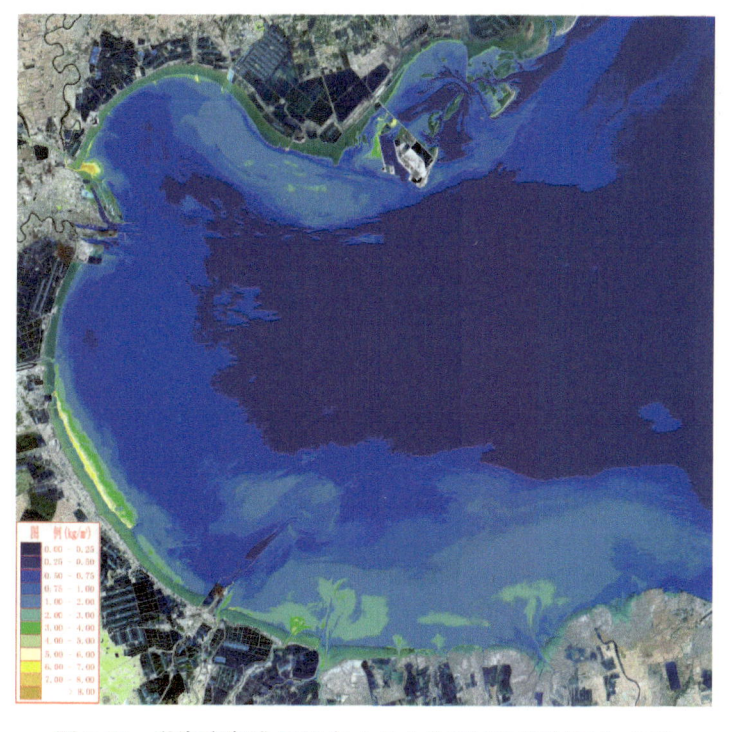

图 6.26 渤海湾海域 2007 年 4 月 8 日卫星遥感图(风向:NE)

图 6.27　渤海湾海域 2009 年 3 月 8 日卫星遥感图(风向:NE)

图 6.28　渤海湾海域 2009 年 4 月 7 日卫星遥感图(风向:N)

1997年5月25日,在SE向大风作用下(注:前一天风速8~16 m/s大风作用24 h),天津港以北渤海湾西北部湾顶近岸含沙量明显大于天津港以南的海河口、独流减河口及黄骅港附近海域。1997年5月23日,在永定新河口海域水文泥沙现场观测到离岸5.5 km拦门沙附近含沙量达2.6 kg/m³。在NE向风浪作用下(如1976年3月23日、2006年4月13日),渤海湾西南沿岸和独流减河口以南、黄骅港和老黄河口附近海域含沙量较大;而在E向风浪作用下(如2007年4月8日、2009年3月8日),独流减河口以南至南排河口近岸含沙量较大。在天气较好的条件下和离岸风浪作用下(如2009年4月7日),渤海湾近岸水域水体含沙量较小。

图6.29是通过卫星遥感资料分析给出的河口防潮闸不同离岸里程的含沙量值,渤海湾西海岸海域水体含沙量与波浪的大小及其方向、潮位高低(即水的深浅)、潮汐强弱及海岸所处地理位置等条件密切相关,含沙量值变幅较大,介于0.10和5.5 kg/m³之间。可以预计,在极端天气与风暴潮情况下,水体含沙量还将会更大。

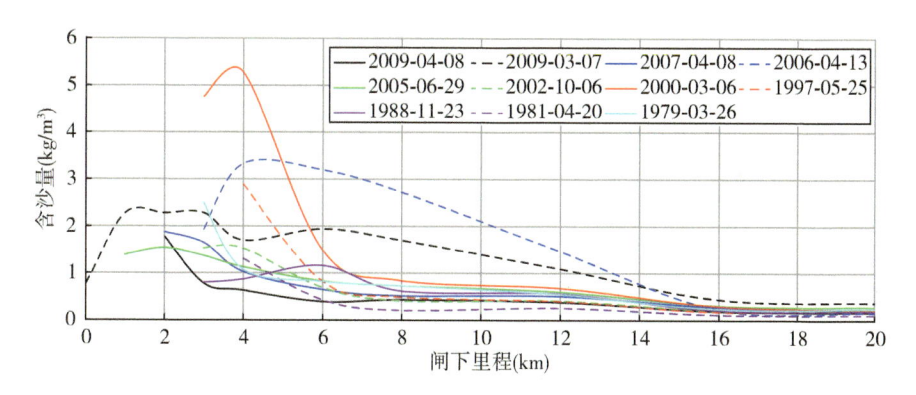

图6.29　独流减河口附近海域卫星遥感资料分析含沙量离岸分布

6.3.3.3　河口区年平均含沙量分析计算

由上述分析可知:现场测量过程中行船及操作均需要较好的海上条件,实测含沙量一般偏小,通过卫星遥感资料分析所得的含沙量能够反映特定气象和潮情条件下研究区海域水体的含沙量状况,两者能够提供含沙量变幅的信息,但均不能直接表征多年平均年代表含沙量。为了进行试验研究,我们还需要了解特殊风浪条件下(比如2年一遇和50年一遇风浪)研究区海域的特征含沙量分布情况。

海域年平均含沙量的确定通常应根据系统长期实测资料统计求得。独流减河口海域目前尚缺乏该项资料,采用公式(6.1)和公式(6.2)计算该河口海域不同水深水域的含沙量。由图6.30和表6.10可见,独流减河行洪通道入海口水域距离闸下17.5 km、平均水深约5.00 m一线水域的年平均和50年一遇水体特征含沙量分别为0.16 kg/m³和2.67 kg/m³(取两个计算公式的平均值)。

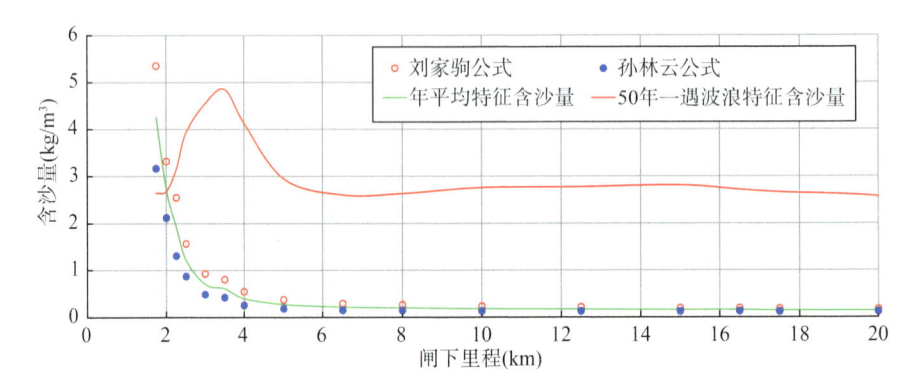

图6.30　独流减河口海域水体特征含沙量离岸分布

表6.10　独流减河口海域水体特征含沙量推算

闸下里程(km)	滩地平均高程(m)	年均含沙量(kg/m³)			50年一遇风浪条件下含沙量(kg/m³)		
		公式(1)	公式(2)	平均值	公式(1)	公式(2)	平均值
1.75	2.79	5.36	3.17	4.27	2.09	2.64	2.65
2.00	2.61	3.32	2.13	2.73	2.06	2.83	2.69
2.25	2.35	2.55	1.31	1.93	2.01	3.65	3.16
2.50	2.00	1.57	0.88	1.22	2.07	4.98	3.93
3.00	1.50	0.93	0.50	0.71	2.11	6.17	4.55
3.50	1.30	0.81	0.43	0.62	2.15	6.74	4.86
4.00	0.80	0.55	0.27	0.41	1.90	5.76	4.14
5.00	−0.30	0.38	0.20	0.29	1.41	4.10	2.96
6.50	−1.20	0.30	0.16	0.23	1.19	3.66	2.61
8.00	−1.80	0.28	0.15	0.22	1.14	3.77	2.64
10.00	−2.60	0.25	0.14	0.19	1.10	4.04	2.77
12.50	−3.50	0.23	0.14	0.18	1.00	4.13	2.78
15.00	−4.40	0.21	0.14	0.17	0.95	4.25	2.82

续表

闸下里程(km)	滩地平均高程(m)	年均含沙量(kg/m³)			50年一遇风浪条件下含沙量(kg/m³)		
		公式(1)	公式(2)	平均值	公式(1)	公式(2)	平均值
16.50	-4.80	0.20	0.14	0.17	0.90	4.11	2.72
17.50	-5.00	0.19	0.13	0.16	0.88	4.03	2.67
20.00	-5.60	0.18	0.13	0.16	0.82	3.91	2.58
22.50	-6.60	0.17	0.13	0.15	0.72	3.43	2.27
25.00	-7.20	0.17	0.12	0.14	0.68	3.29	2.18
30.00	-8.80	0.16	0.12	0.14	0.54	2.73	1.82

注：滩地高程自当地理论基准面起算；年平均含沙量根据年代表波平均波高 $H_{1/10}=0.66$ m、年频率 $P=85.33\%$ 计算。

6.3.4 2013年渤海湾大范围水文测验含沙量资料

2013年10月渤海湾大范围水文测验期间同步观察了水体含沙量，大潮期间垂线平均含沙量与潮位过程见图6.31~图6.34，小潮期间垂线平均含沙量与潮位过程见图6.35~图6.38，含沙量特征值见表6.11。

最大含沙量统计结果表明，水文测验期间渤海湾含沙量较小。大、小潮期间含沙量最大值均在黄骅港海域的3B测点，分别为0.0375 kg/m³和0.0294 kg/m³。独流减河口海域1D~5D测点含沙量小于B系列测点、大于海河口海域H系列和永定新河口海域Y系列。

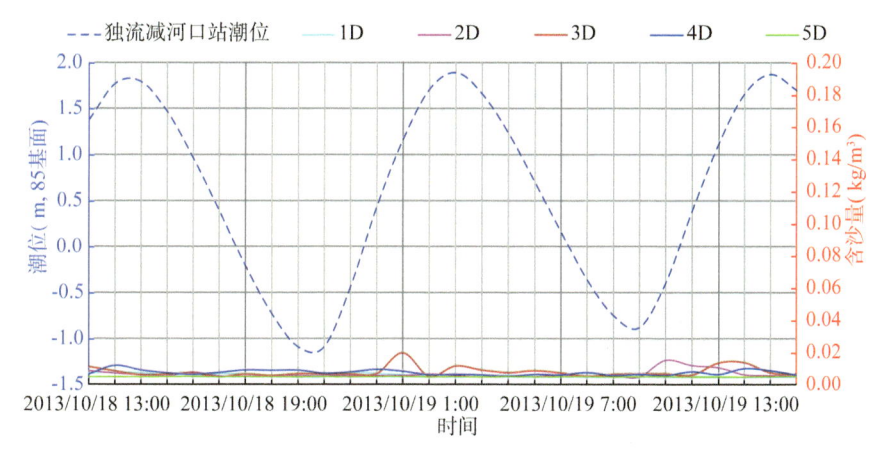

图6.31 独流减河口海域2013年10月水文测验期间(大潮)各站垂线含沙量和潮位过程线

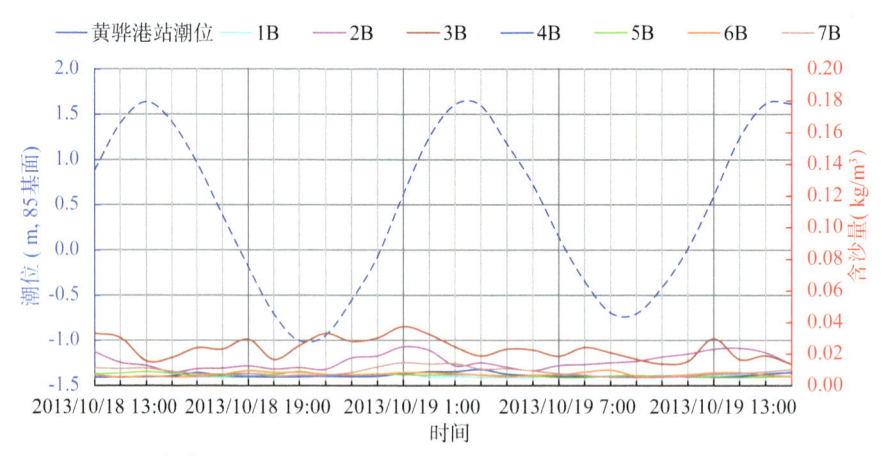

图 6.32　渤海湾 2013 年 10 月水文测验期间(大潮)各站垂线含沙量和潮位过程线

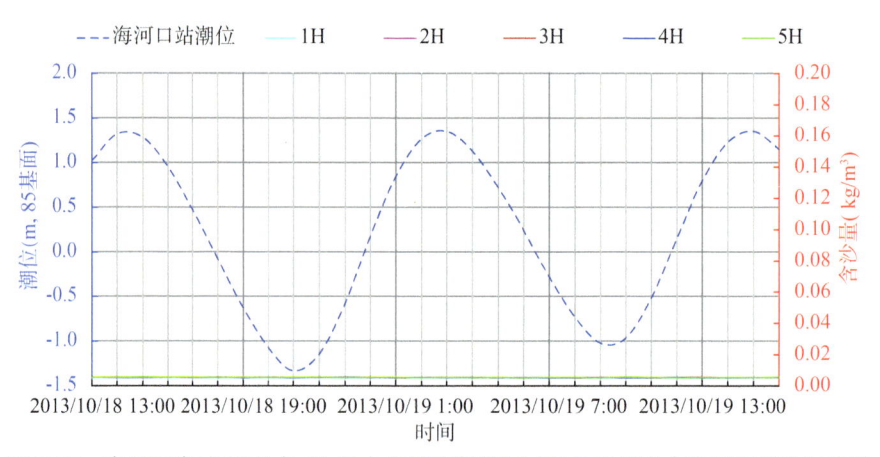

图 6.33　海河口海域 2013 年 10 月水文测验期间(大潮)各站垂线含沙量和潮位过程线

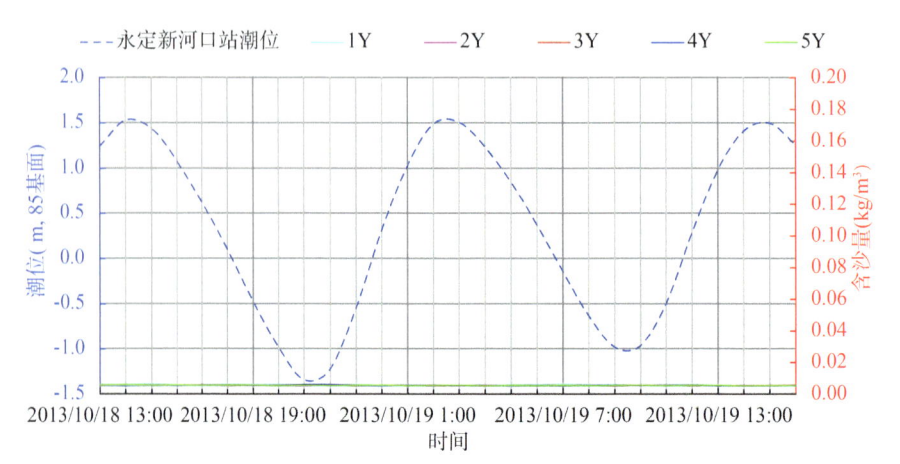

图 6.34　永定新河口海域 2013 年 10 月水文测验期间(大潮)各站垂线含沙量和潮位过程线

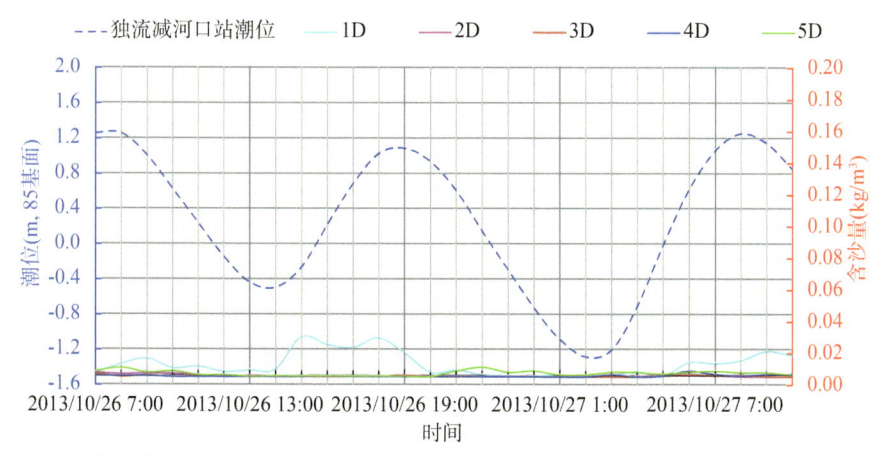

图 6.35　独流减河口海域 2013 年 10 月水文测验期间(小潮)各站垂线含沙量和潮位过程线

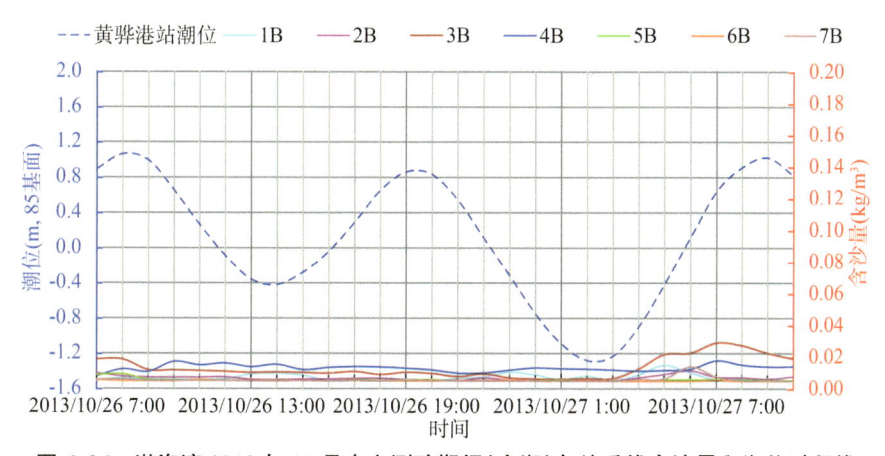

图 6.36　渤海湾 2013 年 10 月水文测验期间(小潮)各站垂线含沙量和潮位过程线

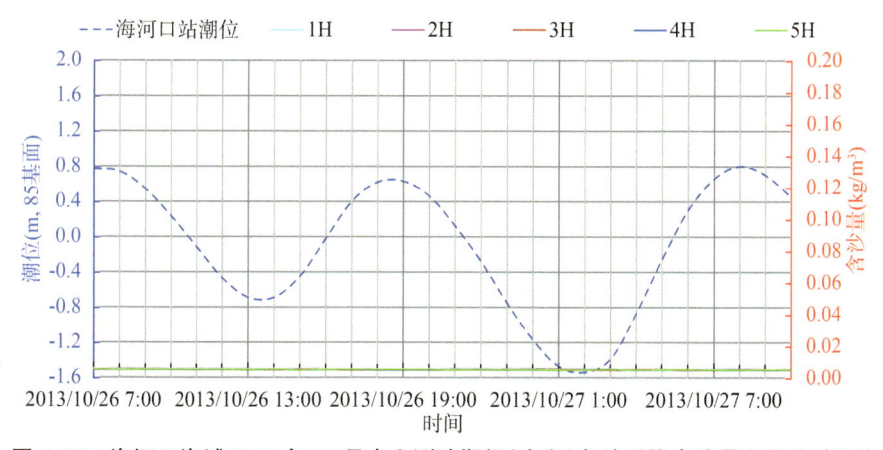

图 6.37　海河口海域 2013 年 10 月水文测验期间(小潮)各站垂线含沙量和潮位过程线

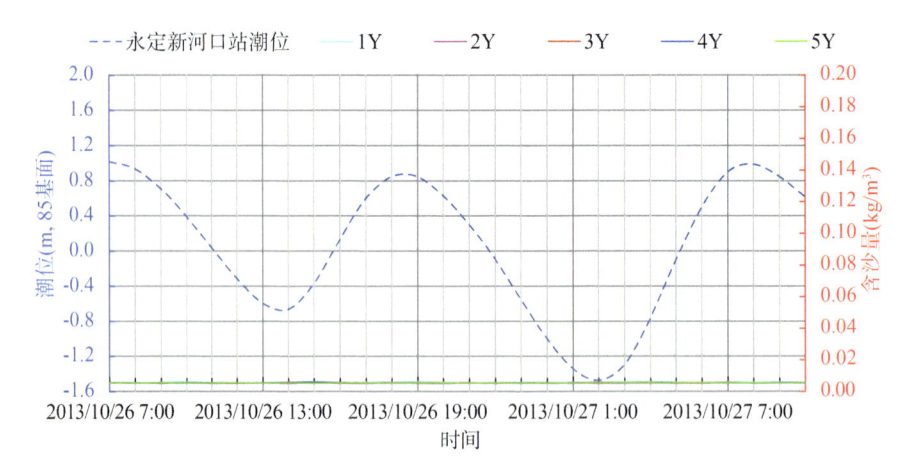

图 6.38　永定新河口海域 2013 年 10 月水文测验期间(小潮)各站垂线含沙量和潮位过程线

从全潮平均含沙量统计结果来看,大潮期间渤海湾含沙量在 0.005 4～ 0.023 3 kg/m³ 范围内,小潮略小,介于 0.005 3 和 0.013 4 kg/m³ 之间。其中,位于黄骅港海域的 2B 和 3B 测点含沙量较其他测点略大,独流减河口海域 D 系列测点含沙量大于海河口和永定新河口,海河口与永定新河口含沙量相当。

表 6.11　2013 年 10 月大范围水文测验实测含沙量特征值　　单位:kg/m³

测站	最大含沙量		最小含沙量		全潮平均含沙量	
	大潮	小潮	大潮	小潮	大潮	小潮
1D	0.008 3	0.030 3	0.005 2	0.005 5	0.006 1	0.013 1
2D	0.015 7	0.007 6	0.005 2	0.005 2	0.007 0	0.005 7
3D	0.020 1	0.007 0	0.005 2	0.005 2	0.008 4	0.005 5
4D	0.012 4	0.008 8	0.005 8	0.005 2	0.008 0	0.005 7
5D	0.005 5	0.011 1	0.005 3	0.005 2	0.005 4	0.007 3
1B	0.008 2	0.015 3	0.005 2	0.005 2	0.006 0	0.007 6
2B	0.024 7	0.011 8	0.008 6	0.005 4	0.015 4	0.007 1
3B	0.037 5	0.029 4	0.013 5	0.006 3	0.023 3	0.013 4
4B	0.010 2	0.018 2	0.005 3	0.008 2	0.006 6	0.013 4
5B	0.008 9	0.009 6	0.005 2	0.005 2	0.006 6	0.005 9

续表

测站	最大含沙量		最小含沙量		全潮平均含沙量	
	大潮	小潮	大潮	小潮	大潮	小潮
6B	0.009 8	0.006 0	0.005 2	0.005 2	0.007 2	0.005 4
7B	0.014 6	0.014 2	0.005 2	0.005 2	0.008 8	0.005 9
1H	0.005 7	0.005 6	0.005 2	0.005 2	0.005 4	0.005 4
2H	0.005 5	0.005 5	0.005 2	0.005 2	0.005 4	0.005 4
3H	0.005 6	0.005 6	0.005 2	0.005 3	0.005 4	0.005 4
4H	0.005 6	0.005 7	0.005 2	0.005 2	0.005 4	0.005 4
5H	0.005 7	0.005 7	0.005 2	0.005 2	0.005 4	0.005 4
1Y	0.006 3	0.006 3	0.005 4	0.005 6	0.005 9	0.005 9
2Y	0.005 5	0.005 5	0.005 2	0.005 2	0.005 4	0.005 4
3Y	0.005 6	0.005 5	0.005 2	0.005 2	0.005 4	0.005 4
4Y	0.006 1	0.006 1	0.005 2	0.005 2	0.005 5	0.005 5
5Y	0.005 6	0.005 6	0.005 3	0.005 2	0.005 4	0.005 4

6.4 海床底质

6.4.1 永定新河口海域

根据国家海洋环境监测中心2004年10月和2005年5月对工程区海域进行的底质采样分析，得到本海域沉积物主要有砂-粉砂-黏土(S-T-Y)、黏土质粉砂(YT)和粉砂质黏土(TY)3种类型，其分布见图6.39。

上述沉积物类型及其分布特征表明，物质来源以及搬运机理的不同导致潮滩物质在纵向组成上表现出一定的差异。本海域潮间带滩宽坡缓，物质以细颗粒的黏土质粉砂沉积为特征；西南部沉积物较东北部要细，东北部黑沿子至南堡一带表层沉积物为砂-粉砂-黏土的混合类型，反映出底质来源的多样性，工程区海域底质中值粒径大致为0.003~0.013 mm。

图 6.39　永定新河口海域沉积物类型分布

6.4.2　海河口海域

本地区地貌以堆积为基本特征,物质成分以黏土质粉砂、粉砂质黏土、粉砂等细颗粒物质为主,岸滩坡度平缓(介于 1/1 000～1/2 000 之间),潮间带宽度较大。地貌形成年代新,其中大部分是距今 5 000～6 000 年形成、发育、演化、定型的,主要地貌类型具有明显的弧形带分布的特点。

根据 1996 年 7 月和 2002 年 8 月本区海域滩面(−2～−5 m 等深线之间)底质取样结果(见图 6.40),表层沉积物主要由细颗粒物质组成,泥沙中值粒径范围在 0.003～0.019 mm 之间,平均中值粒径为 0.009 8 mm。泥沙粒级的含量为砂占 9.2%,粉砂占 52.3%,黏土占 38.5%,可见本区海域岸滩底质沉积物属于黏土质粉砂,这种泥沙在风浪作用下极易掀扬、悬移。从平面分布上来看,河口处深槽内泥沙颗粒较细,两侧略粗,这是由两侧滩面泥沙被波浪冲刷后在潮流作用下归槽落淤造成的。总体来看,随着海河来沙日益减少,滩面泥沙供给不足,细颗粒泥沙被波浪掀起,并被潮流带向外海,本区海域岸滩泥沙有逐渐粗化的趋势。

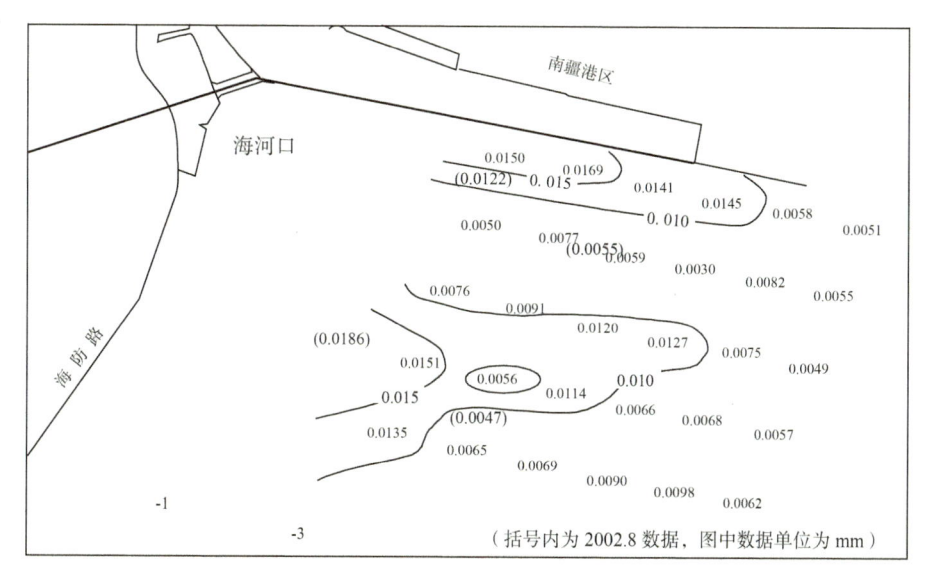

图 6.40　1996 年 7 月底质泥样中值粒径分布图

6.4.3　独流减河口海域

在独流减河口附近海域,曾进行过 3 次大范围海床底质取样:2008 年 7 月取样水域为 622 km²,共取泥样 60 个(10 m 等深线以内);2009 年 6 月上旬取样水域为 1 096 km²,共取泥样 571 个(12 m 等深线以内);2011 年 6 月取样水域为 929 km²,共取泥样 565 个(12 m 等深线以内)。底质取样点布置见图 6.41。

2008 年 7 月 60 个样品中属黏土质粉砂(YT)的有 56 个,占 93.3%;属粉砂质黏土(TY)的有 3 个,占 5%;属砂-粉砂-黏土(S-T-Y)的有 1 个,占 1.7%。实测泥沙中值粒径在 0.004 1~0.020 6 mm 之间,平均中值粒径为 0.007 5 mm。泥沙粒级的平均含量为:砂占 10.36%,粉砂占 51.06%,黏土占 38.58%。

2009 年 6 月 571 个样品中属黏土质粉砂(YT)的有 570 个,占 99.8%;属粉砂质黏土(TY)的有 1 个,占 0.2%。泥沙中值粒径在 0.003 1~0.006 4 mm 之间,平均中值粒径为 0.004 7 mm。泥沙粒级的平均含量为:粉砂占 63.34%,黏土占 36.66%。

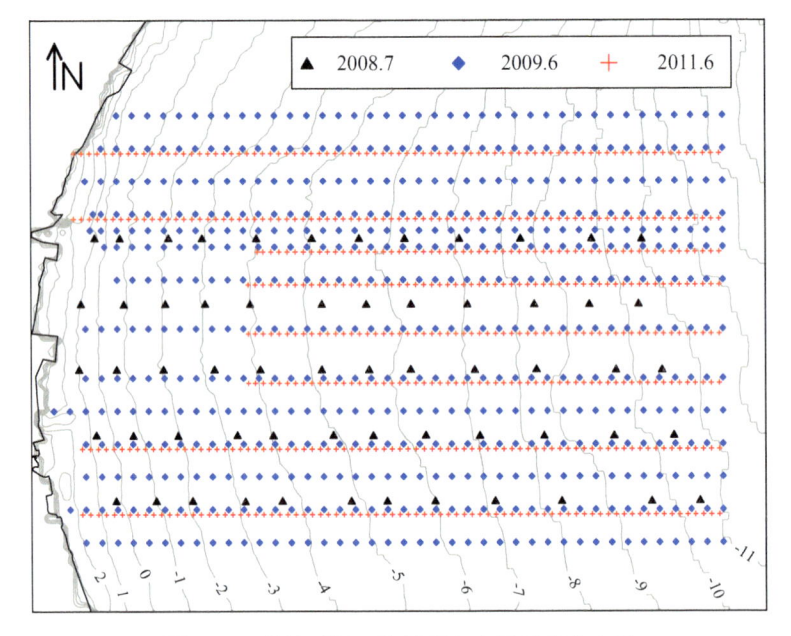

图 6.41 独流减河口海域历年底质采样分布图

2011 年 6 月 565 个样品中属黏土质粉砂（YT）的有 549 个，占 97.17%；属粉砂（T）的有 6 个，占 1.06%；属粉砂质砂（TS）的有 7 个，占 1.24%；属砂质粉砂（ST）的有 2 个，占 0.35%；属砂（S）的有 1 个，占 0.18%。泥沙中值粒径在 0.003 6~0.086 1 mm 之间，平均中值粒径为 0.006 3 mm。泥沙粒级的平均含量为：砂占 0.98%，粉砂占 65.58%，黏土占 33.44%。

经分析，南港工业区附近海域沉积物均属于黏土质粉砂，泥沙粒径变幅较小。历年底质中值粒径等值线分别见图 6.42、图 6.44 和图 6.46，历年底质含泥量等值线分别见图 6.43、图 6.45 和图 6.47。图 6.48 和图 6.49 分别为等深线上平均中值粒径和平均含泥量随水深变化图，可以看出，就底沙中值粒径而言，总体上呈现随水深增加而减小的趋势，-1 m 等深线以外海域 2008 年中值粒径略大于其他年份；除 2011 年 6 月的 2 m 等深线处中值粒径为 0.042 mm 外，其余采样点中值粒径均小于定义淤泥质海岸的中值粒径 0.03 mm。就底沙含泥量而言，除 2011 年 6 月 2~0 m 等深线外，总体上含泥量在 30%~40% 之间；-2 m 等深线以外海域含泥量有逐年减少的变化趋势。历次现场实测沉积物粒径和含泥量的分布略有差异，产生差异的原因可能主要与测量前调查海域经历的风浪大小不同有关，同时这也表明在一定动力条件下浅滩上的沉积物比较容易运移。

总体来看，南港工业区海域浅滩表层沉积物质以黏土质粉砂和粉砂质黏土等细颗粒物质为主，中值粒径小于 0.03 mm 且黏土含量占 25% 以上，在海岸工程研究中一般归于淤泥类。

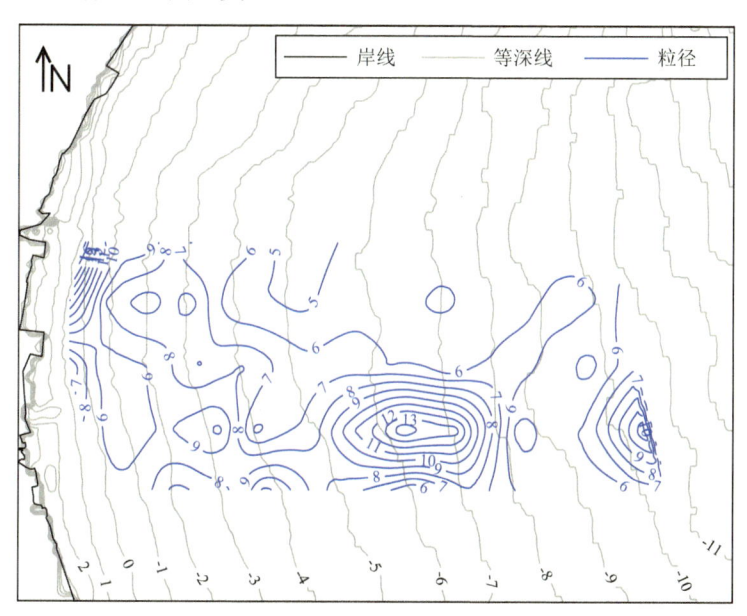

图 6.42 2008 年 7 月独流减河口海域底质中值粒径等值线图（单位：μm）

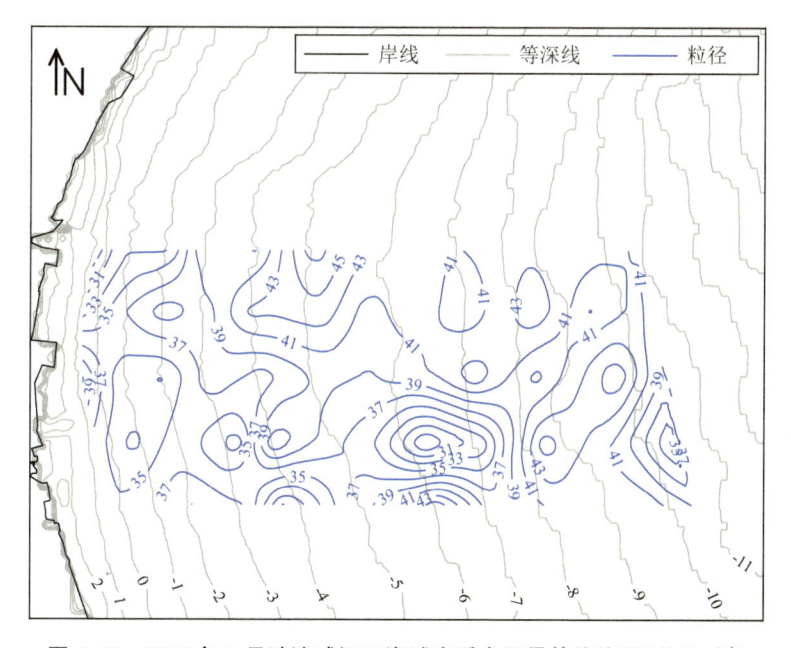

图 6.43 2008 年 7 月独流减河口海域底质含泥量等值线图（单位：%）

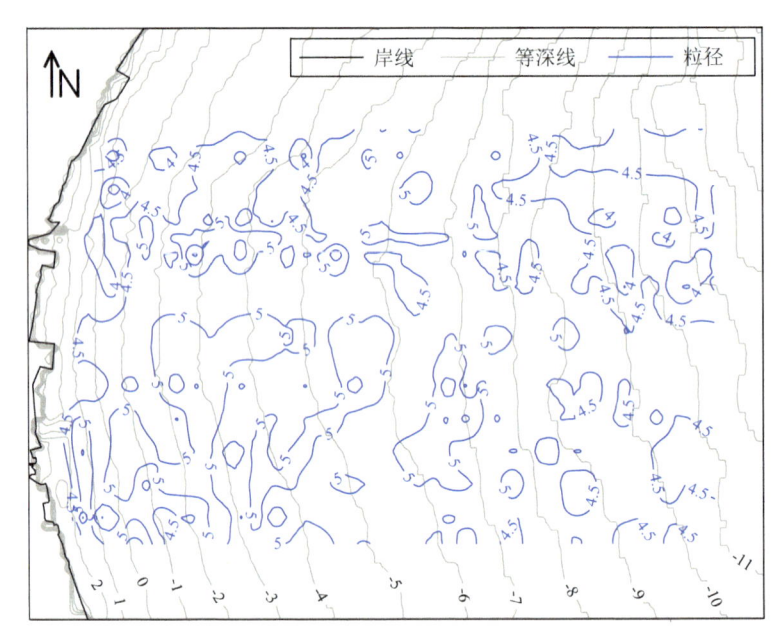

图 6.44　2009 年 6 月独流减河口海域底质中值粒径等值线图(单位:μm)

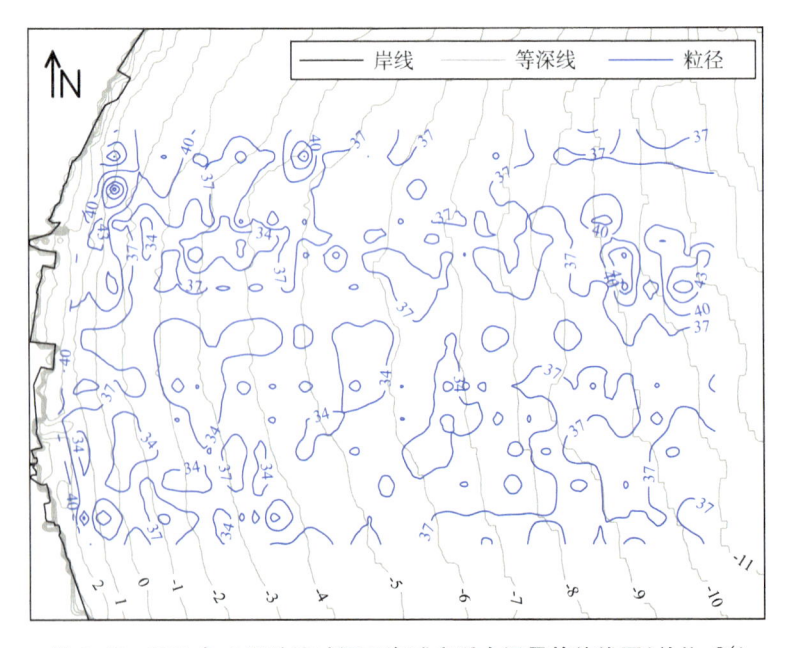

图 6.45　2009 年 6 月独流减河口海域底质含泥量等值线图(单位:%)

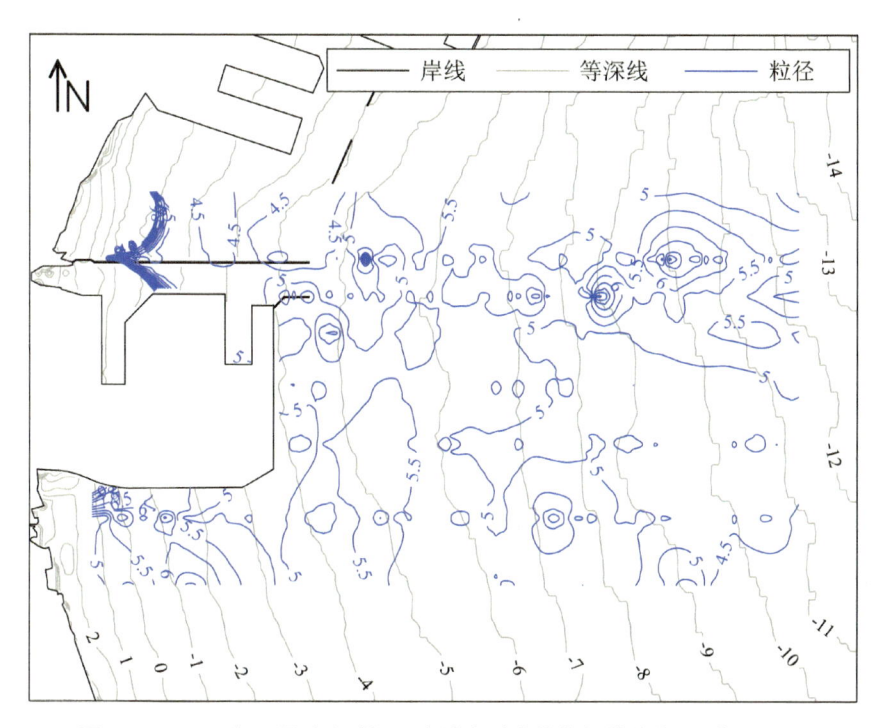

图6.46 2011年6月独流减河口海域底质中值粒径等值线图(单位:μm)

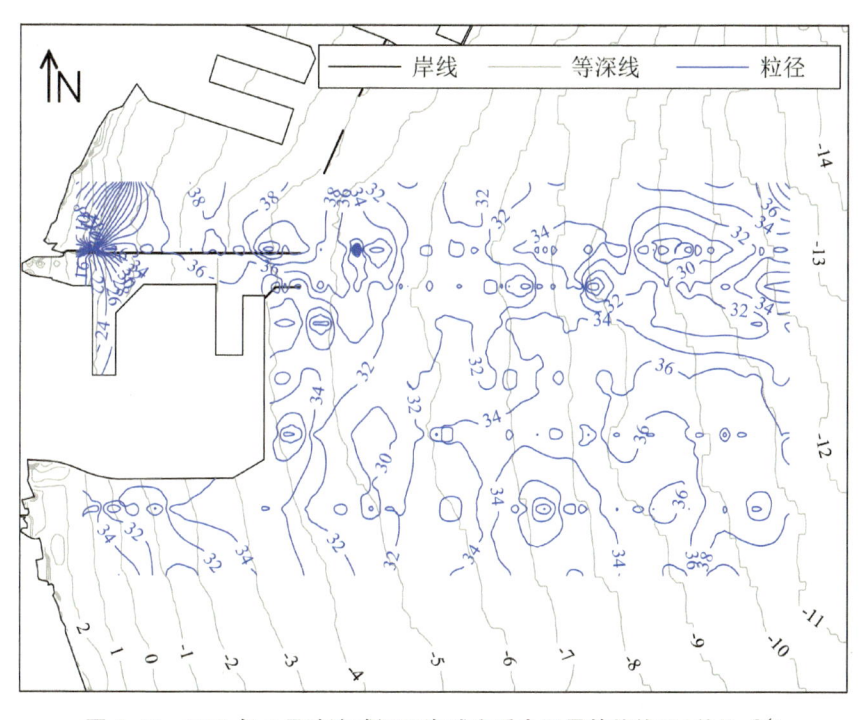

图6.47 2011年6月独流减河口海域底质含泥量等值线图(单位:%)

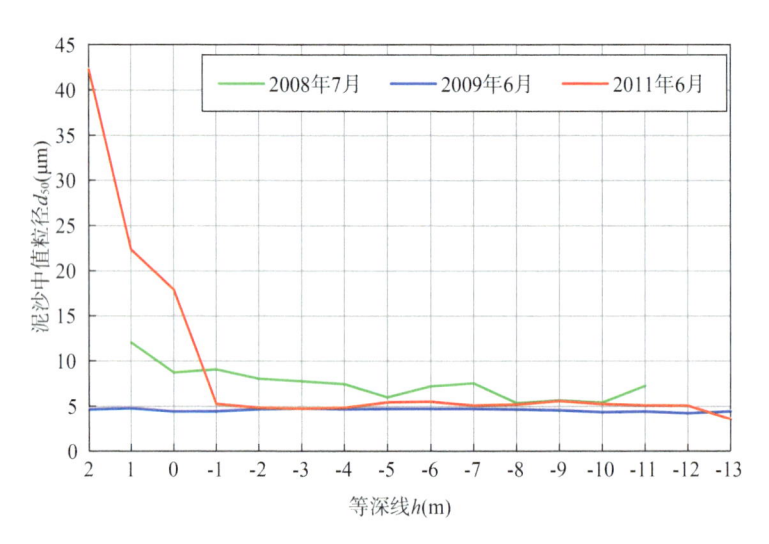

图 6.48　独流减河口海域历年底质平均中值粒径随水深变化图

图 6.49　独流减河口海域历年底质平均含泥量随水深变化图

6.4.4　2013 年渤海湾大范围水文测验底质资料

于 2014 年 5 月 22 日—6 月 18 日开展了渤海湾大范围海床底质现场采样工作,采样点布置见图 4.6,共采集到 689 个泥样,现场观感有粉砂、砂和黏土,均为细颗粒沉积,呈灰色、灰褐色,质均滑感,可塑性。

根据海床底质颗粒分析成果,该海域底质主要以黏土质粉砂为主,占总采样点数的 69.6%,砂质粉砂占 15.3%,粉砂占 3.3%,粉砂质砂占 7.8%,粉砂质黏土占 4%,其中砂质粉砂、粉砂质砂主要位于渤海湾南岸套尔河口以东海域。采样区域中值粒径最大值为 0.099 2 mm,中值粒径最小值为 0.002 6 mm,平均中值粒径为 0.018 6 mm。

图 6.50 和图 6.51 分别为 2014 年 5 月—6 月渤海湾底质中值粒径分布和等值线,图 6.52 和图 6.53 分别为 2014 年 5 月—6 月渤海湾底质含泥量分布和等值线。图中信息表明:曹妃甸以西海域底质中值粒径在 0.003 1~0.011 4 mm 之间,含泥量在 25.17%~65.51% 之间。永定新河口及以北海域底质中值粒径在 0.003 6~0.017 5 mm 之间(中心渔港和北疆电厂中间区域个别点在 0.04 mm 左右),含泥量在 26.75%~55.02% 之间(该海域个别测点含泥量在 14.71%~23.44% 之间)。海河口海域底质中值粒径为 0.003 6~0.008 4 mm,含泥量为 25.83%~54.97%。独流减河口海域底质中值粒径为 0.004 2~0.011 0 mm,含泥量为 26.62%~47.29%。黄骅港航道两侧海域底质中值粒径为 0.006 1~0.027 8 mm,含泥量为 13.89%~27.32%(个别点能达到 30% 以上)。滨州港即套尔河口以南海域底质中值粒径为 0.011 2~0.099 2 mm,含泥量为 1.22%~23.53%(套尔河口个别点能达到 46.66%)。

在《海港水文规范》中:淤泥质海岸沉积物中值粒径 D_{50} 小于 0.03 mm、黏土含量大于等于 25%;粉砂质海岸沉积物中值粒径 D_{50} 大于等于 0.03 mm 和小于等于 0.10 mm,黏土含量小于 25%。据此,从本次渤海湾底质资料中可以看出,渤海湾内曹妃甸、永定新河口、海河口、独流减河口及独流减河口以南一定范围的海域属于淤泥质海岸,黄骅港及套尔河口以南海域属于粉砂质海岸。

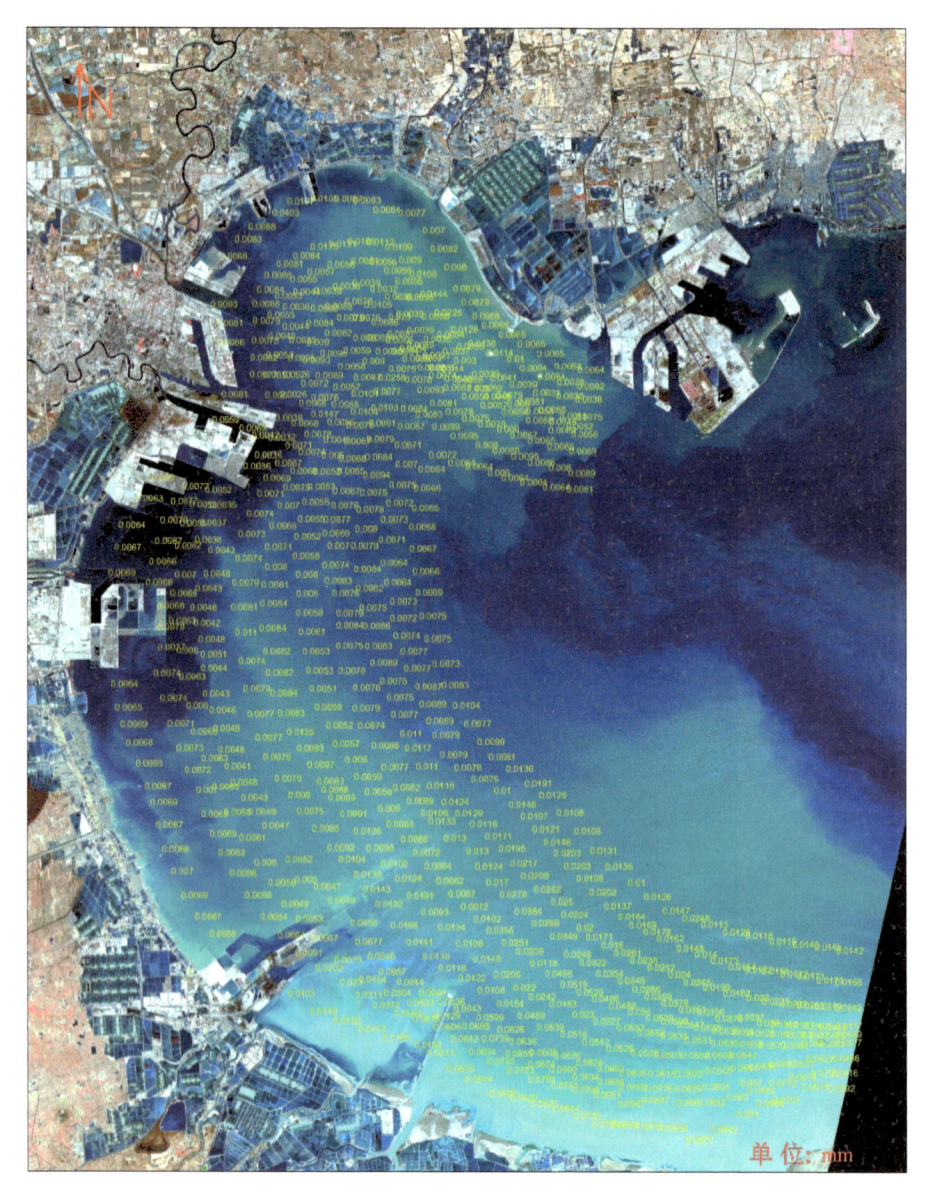

图 6.50 2014 年 5 月—6 月渤海湾底质中值粒径分布

图 6.51 2014 年 5 月—6 月渤海湾底质中值粒径等值线分布

图 6.52　2014 年 5 月—6 月渤海湾底质含泥量分布

图 6.53 2014 年 5 月—6 月渤海湾底质含泥量等值线分布

6.5 河口区冲淤演变

6.5.1 永定新河口海域

渤海湾海岸属滨海堆积平原,地表平坦、开阔,其类型为淤泥质海岸,潮滩平缓。海底地形是陆地向海中的自然延续,地势自北偏西向南偏东方向缓倾,大部分区域在 10 m 水深范围内,等深线与海岸线的总体方向平行。目前渤海湾沿岸基本被虾池、盐田占据。高潮淹没低潮出露的潮间带地区地势平坦、宽阔,地形变化不大。

渤海湾湾顶海域 1958 年、1981 年及 2002 年岸滩等深线变化见图 6.54,岸滩 5 m 等深线以外变化不大,2 m 等深线附近岸滩有轻微的冲淤变化,2 m 等深线以内岸滩则随波浪水流动力和泥沙来源的变化而冲淤交替。永定新河口潮汐潮沟两侧 2 m 等深线以内区域随波浪潮流动力和泥沙来源的变化而冲淤交替变动最为明显,0 m 等深线的摆动幅度也较大。具体表现为,1958 年到

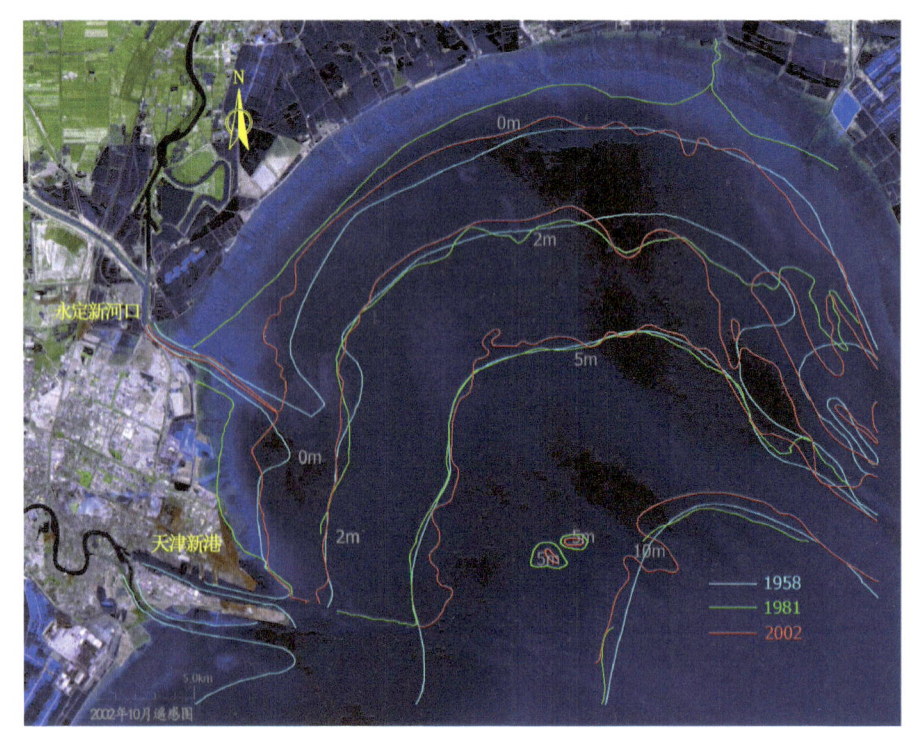

图 6.54 永定新河口海域及渤海湾湾顶岸滩地形比较

第 6 章　渤海湾泥沙运动及主要河口区冲淤演变

1982 年期间,1971 年开挖永定新河后,河口区 0 m 等深线呈现出明显的侵蚀后退,河口潮汐潮沟宽度显著扩宽;1982 年到 2002 年特别是 1992 年以后,为减少永定新河河道淤积,挡潮埝的修建位置不断下移,加上同期河口区附近海域抛泥地泥沙量加大,河口区 0 m 等深线沿着潮沟的走向出现了明显的外移,且潮沟中 0 m 等深线的宽度也显著缩窄。

在自然岸线条件下,永定新河口段河道的冲淤演变与河道纳潮面积大小、水动力变化、河道的淤积状况和河口外泥沙数量变化关系密切。例如永定新河挡潮埝下移:1992 年、1999 年、2000 年和 2001 年挡潮埝分别位于 28+192、43+500、50+100 和 53+000,随时间的推移河道内出现泥沙累积性淤积;周边港口群发展和附近造陆工程引起河口口门外海域抛泥地泥沙量的增大或减少,以及遭遇风暴潮发生泥沙集中淤积等。

根据永定新河口 1969—2008 年多年深泓线变化(图 6.55)的分析可知,在自然岸线条件下,永定新河口段经历了由开挖初期(1969—1975 年)的冲刷侵蚀期到拦门沙淤向岸靠拢期(1975—1989 年),再到拦门沙冲淤交替变化相对稳定期(1989—1995 年),以及河口区迅速淤积期(1995—2000 年)。

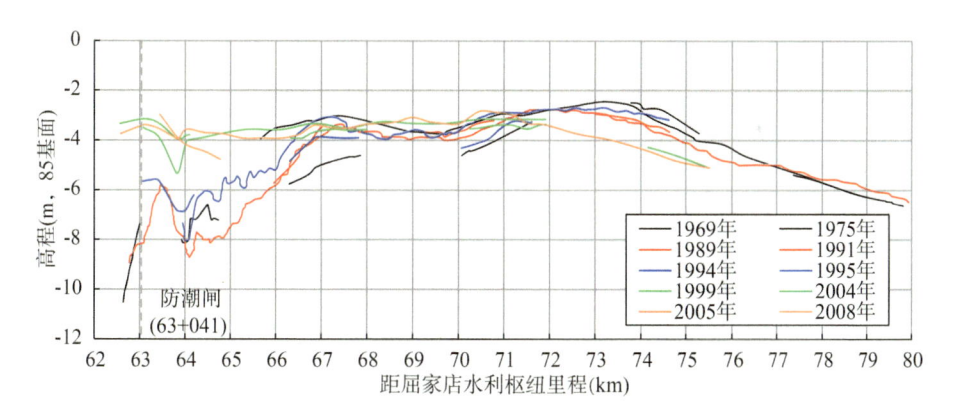

图 6.55　永定新河口历年深泓线高程变化

6.5.2　海河口海域

海河口建闸前,海河干流入海的水量和沙量很大,河口的冲淤变化主要受干流来水来沙和口门外潮流输沙共同作用的影响。建闸后,每年闭闸时间较长,开闸泄流时间很短,入海水量和沙量大幅度减少。因此,建闸后干流来水来沙的影响减弱,河口区在潮汐动力作用下,海相来沙使河口发生淤积。为了确保河口安全度汛,水利部门从 20 世纪 70 年代初期开始,每年都进行河口清淤。

但是，一方面清淤量有限，另一方面闸下河道始终处于淤积过程中，导致闸下河道总的趋势是淤积越来越严重。图 6.56 是海河口不同历史时期水下等深线变化图，图 6.57 则是海河口不同时期深泓线纵剖面图。由图 6.56 可见，20 世纪 30 年代到 70 年代初，天津港附近 -5 m（理论基面）等深线以内经历了岸滩向外迅速淤长的过程。期间（1958 年海河口建闸前）海河每年入海泥沙量大。此外，中华人民共和国成立初期天津新港港口回淤量相对较大，每年清淤的泥沙中有相当一部分被抛在航道北侧浅水区域。70 年代中后期以来，由于海河闸建成投入运行，海河入海水量、沙量陡减，河口径流动力近乎消失。河口区岸滩在风浪和潮流的共同作用下，浅滩泥沙被掀起，并随涨潮流输移在闸下落淤。由于河口区泥沙来源补充相对不足，伴随着闸下河道逐年清淤，口外岸滩侵蚀，拦门沙向岸靠拢。从图 6.57 中可以看到，口外拦门沙从 1958 年到 20 世纪末向岸推进了约 5 km。

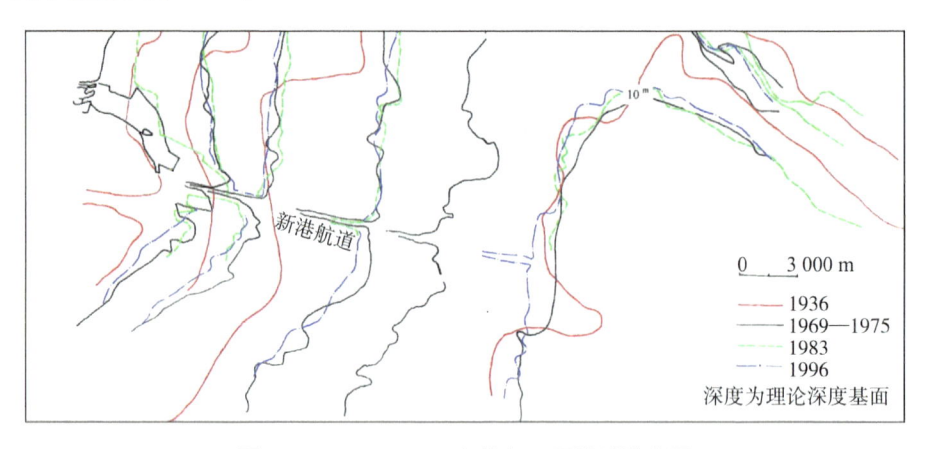

图 6.56　1936—1996 年海河口区岸滩演变图

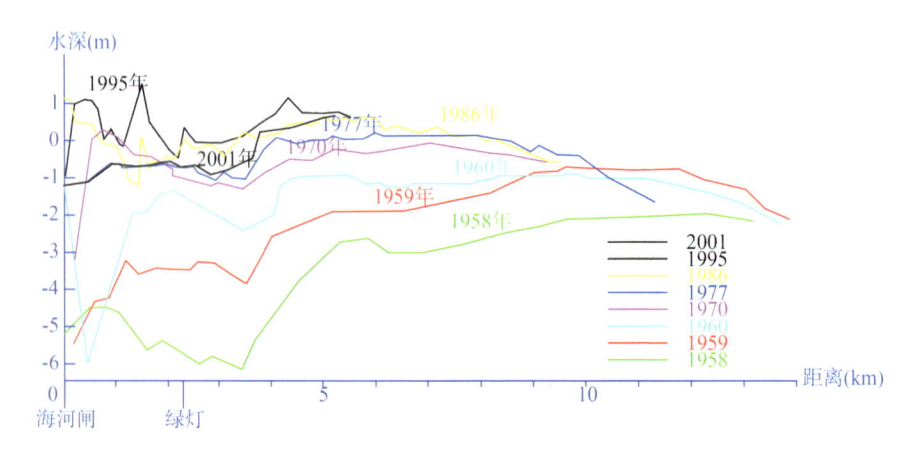

图 6.57　海河口不同时期深泓线纵剖面图

第6章 渤海湾泥沙运动及主要河口区冲淤演变

图 6.58 所示为海河口 1995 年 8 月—2001 年 3 月近 5 年闸下河口断面冲淤变化。应当说明，在这期间，为了满足海河干流泄流 800 m³/s 的要求，每年加大了清淤力度，从 1999 年开始，汛前闸下清淤长 4 km、宽 100 m、底高程 −5.59 m。1995—2000 年这 6 年间累积清淤量约为 800 万 m³。对比河口附近的断面可见，2001 年 3 月地形明显低于 1995 年 8 月地形，闸下河道已未见累积性淤积，滩面有逐年降低的趋势。因此可以看出，在闸下河道逐年清淤的情况下，淤积的泥沙主要来自河口两侧滩地的风浪掀沙，并无其他外来沙源。

近几年来，随着海河口两岸围海造陆工程的不断开展，需要大量泥沙进行吹填，闸下通道泥沙被清淤。因此，通道内及河口区海滩的自然演变被破坏，加上大面积开挖港池航道，泥沙运行规律和淤积特性发生了重大改变，可大大减少闸下泥沙淤积。

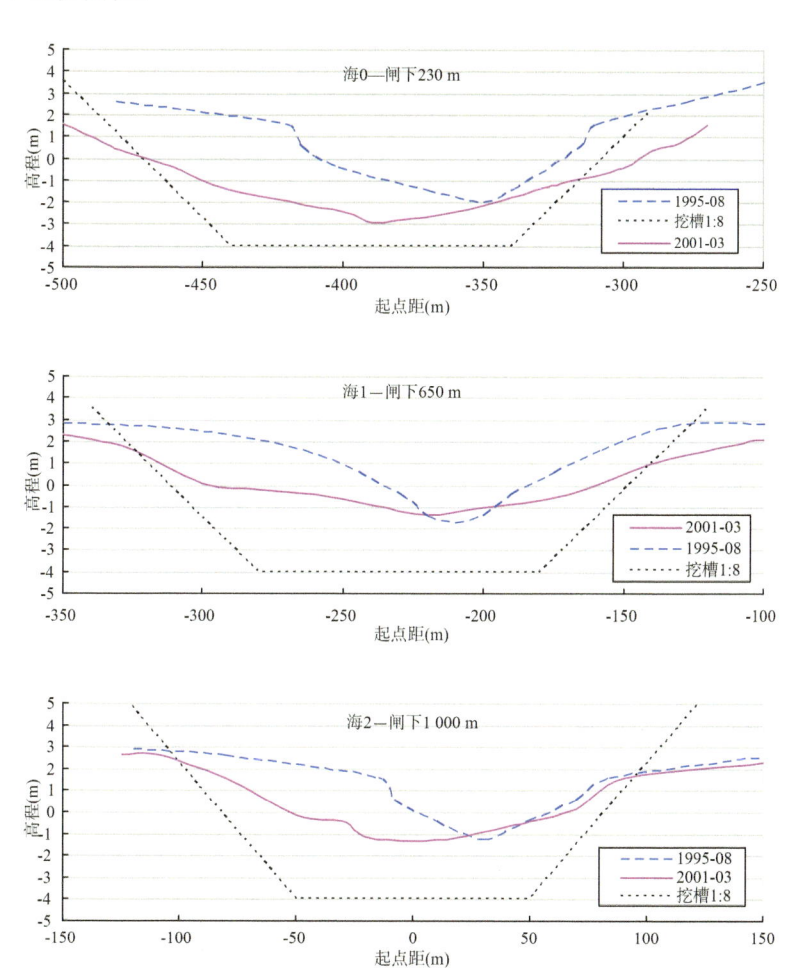

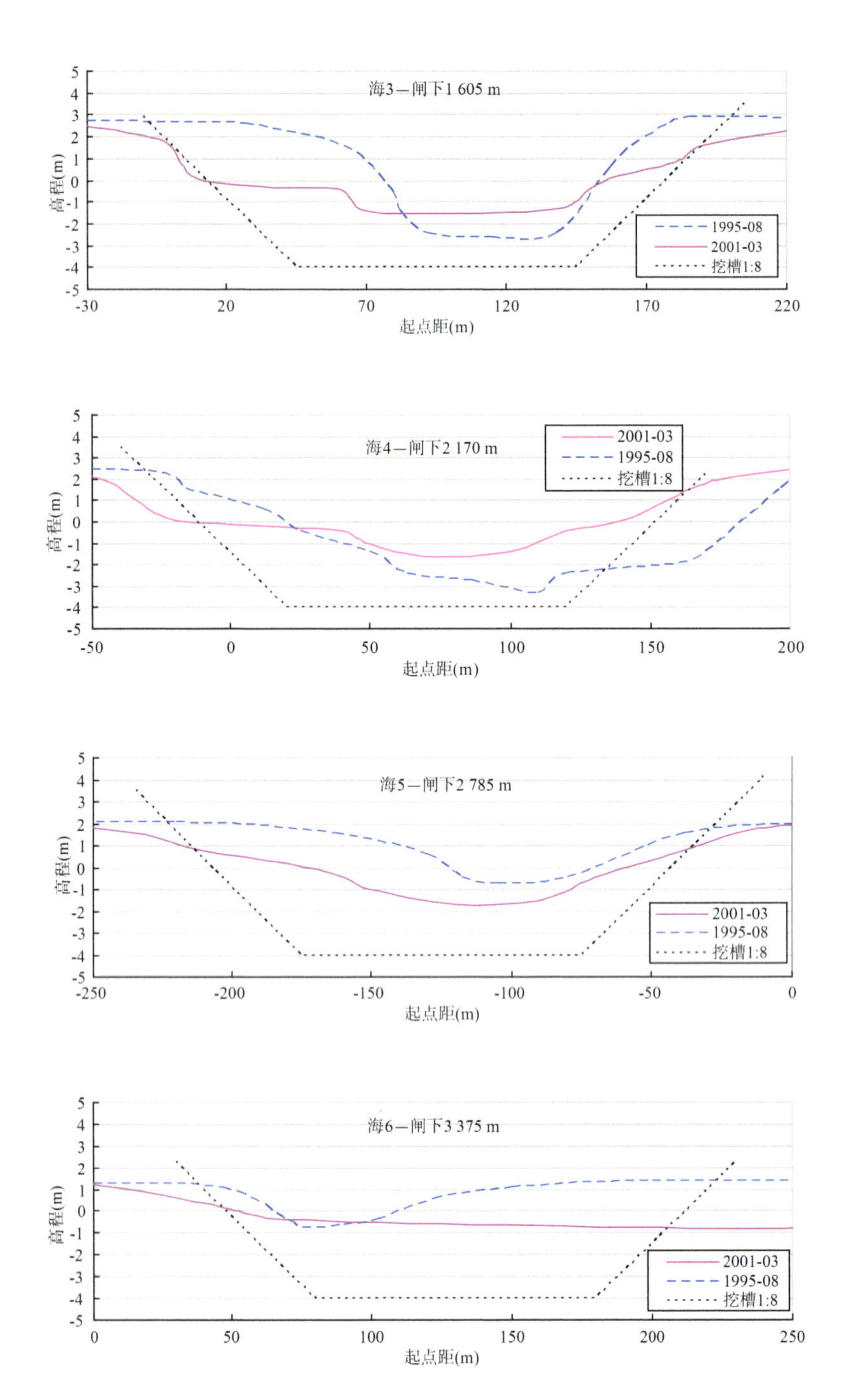

图 6.58 海河口闸下河道地形变化断面图(大沽高程)

6.5.3 独流减河口海域

根据独流减河口附近海域岸滩地形20多年的变化可知,自1985年以来,近岸等深线有进退调整,无显著单向性变化,见图6.59。

随着天津滨海新区滩涂造陆工程的逐步实施,该海域环境将发生较大改变,由此会引起海域底床的冲淤变化。在泥沙来源无明显变化的前提下,独流减河口海域局部区域可能会在短期内有明显冲刷和淤积,但大范围海床的冲淤趋势及调整周期尚待观测。

图 6.59 独流减河口附近海域岸滩地形变化

图6.60为独流减河口闸下近闸2 km河段2000—2007年0 m等高线在平面上的变化情况,图6.61为闸下2005—2007年清淤槽深泓线变化图。由以上两图可见,这10年来,在每年进行清淤的情况下,防潮闸闸下右侧边滩高程及范围变化不大,近闸河段河势是比较稳定的。如前文所述,上游来沙几乎为零,闸下每年清淤的泥沙来自河口外的浅滩泥沙回淤。图6.62中有2009年清淤槽实测地形,可见闸下滩地上泥沙会逐渐淤积至闸下。

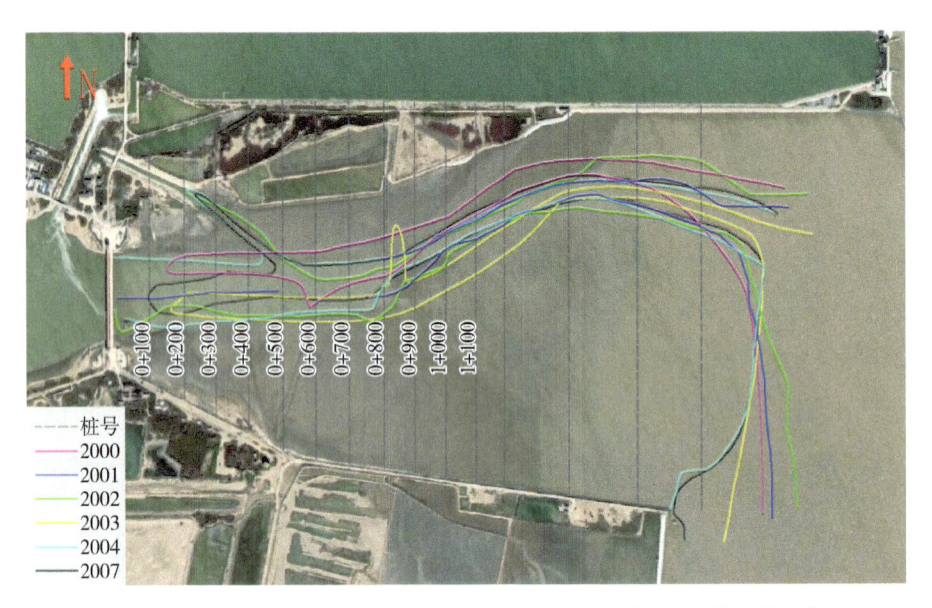

图 6.60　独流减河口闸下 2000—2007 年 0 m(85 国家高程)等深线变化

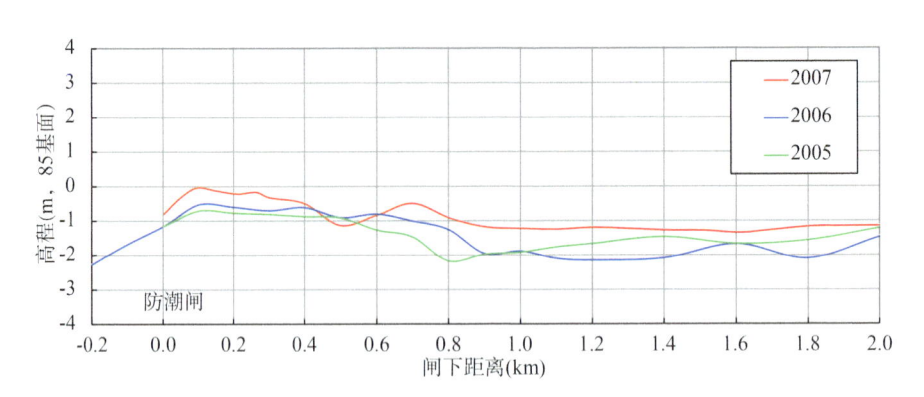

图 6.61　独流减河口闸下 2005—2007 年清淤槽深泓线变化

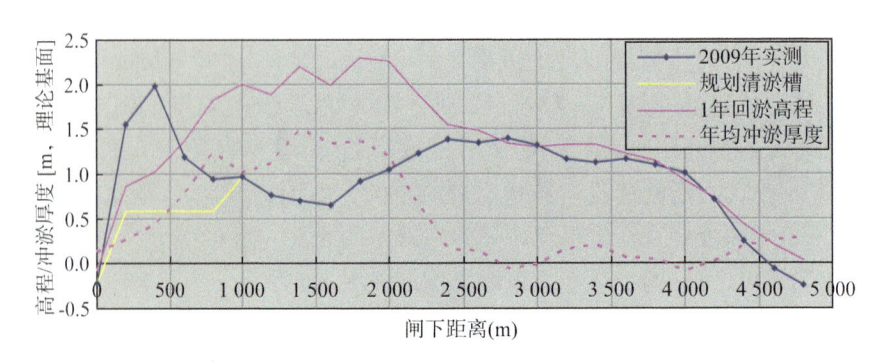

图 6.62　闸下规划清淤槽中泓线平常浪年均回淤分布

6.6 本章小结

（1）历史上,黄河、大清河、海河等入海河流都是渤海湾的主要泥沙来源,随着海河流域的径流减少和三河口陆续建闸,渤海湾内的入海径流与泥沙均大幅减少。渤海湾内海河流域主要河口区域的泥沙运动受海相动力控制,在波浪掀沙和潮流不对称的作用下,浅滩泥沙向岸输移,使原河口拦门沙向岸移动,并引起河口闸下淤积,进而降低防潮闸过流能力。

（2）渤海湾围填海工程前,三河口海域表层沉积物主要由细颗粒物质组成,平均中值粒径小于 0.03 mm,黏土含量高于 25%,归类为淤泥质海岸。其中海河口海域底质有逐渐粗化趋势,永定新河口海域海床面上存在大片容重 1.05～1.3 t/m^3 的运动性活跃的新淤泥(浮泥)。

（3）渤海湾围填海工程前,三河口水体含沙量随水深的增加逐渐减小;在特殊天气条件下,海河口、永定新河口和独流减河口最大含沙量分别可达 2.10 kg/m^3、6.5 kg/m^3 和 5.5 kg/m^3,曾观测到永定新河口含沙量高达 17.25 kg/m^3。关于年平均特征含沙量的比较,永定新河口最大,独流减河口次之,海河口略小。

（4）海河流域三河口围填海工程实施后,新的河口延伸至水深 3～9 m,与防潮闸之间形成 15～20 km 不等的闸下通道。2014 年 5 月—6 月的渤海湾大范围底质采样分析结果表明:三河口海域泥沙组成和海岸类型未发生改变,依然属于淤泥质海岸;独流减河口以南一定范围也属于淤泥质海岸,黄骅港及套尔河口以南海域则属于粉砂质海岸。

（5）海河口建闸前,其口外浅滩经历向外迅速淤长的过程,海河闸建成后,因入海水量、沙量陡减,口外浅滩不断侵蚀,伴随着闸下河道逐年清淤,拦门沙向岸靠拢。永定新河口海域岸滩 5 m 等深线以外变化不大,河口深槽两侧 2 m 等深线冲淤交替变动最为明显,0 m 等深线的摆动幅度也较大。独流减河口海域自 1985 年以来,近岸等深线有进退调整,无显著单向性变化。

（6）渤海湾围填海工程前,海河口和独流减河口闸下河道多年深泓线的变化表明,闸下地形呈现逐年淤高趋势。海河口和独流减河口在围填海工程前,影响其泄洪能力的主要因素是闸下淤积,以开挖清淤槽并定期于汛前清淤作为维持泄洪能力的工程措施。河口未建闸的永定新河则遭受持续的海相来沙淤塞河道,并最终采取河口建闸辅以闸下清淤槽的防洪工程措施。

第 7 章

渤海湾冰凌和赤潮调查

7.1 冰凌

我国近海的海冰只限于渤海及黄海北部沿岸,这些地区因受地理位置及气象条件的影响,每年冬季皆有不同程度的结冰现象。寒潮侵袭造成的长时间持续低温是我国海冰生成的主要原因。海冰形成后,伴随着天气回暖,气温和水温上升,海冰也逐渐融解消失。因此,我国的海冰都是当年度生消,无"二冬冰""多年冰"。海冰的形成、发展和消失过程,对应着初冰期、盛冰期及融冰期3个阶段。

渤海和黄海北部冰情等级是以结冰范围作为参考,共分为5个等级,即轻冰年(1级)、偏轻冰年(2级)、常冰年(3级)、偏重冰年(4级)和重冰年(5级)。海冰灾害一般出现在常冰年以上冰情之下。

7.1.1 一般冰情

渤海及黄海北部沿岸于11月中、下旬或12月上、中旬由北往南逐渐结冰,翌年2月下旬或3月上、中旬,由南往北逐渐融解消失,冰期3~4个月,其中1月至2月上旬为冰情较重的盛冰期。辽东湾冰期最长,冰情也最严重,其次为渤海湾和莱州湾。浮冰漂流方向大多与海岸平行,或与最大潮流方向接近,流速一般在1节以内(约0.5 m/s),最大为2~3节。

渤海湾沿岸初冰在12月上、中旬,终冰在翌年2月下旬或3月初,冰期90~110天。1月上旬至2月中旬出现固定冰,宽200~2 000 m,个别浅滩处达3~4 km,冰厚15~40 cm。浮冰范围距岸10~20 km,浮冰厚度10~30 cm。流冰速度约0.6节(约0.3 m/s),最大为2节(约1 m/s)。渤海湾海河口附近因盐度较低,又有河冰流入,冰情一般重于其他地区,图7.1和图7.2为渤海湾1988年和1998年冰情遥感图片。

7.1.2 异常冰情

异常冰情是指轻冰年和重冰年两种情形。渤海的轻冰年份有1935年、1941年、1954年、1973年、2002年和2007年,其中2007年是有历史记录以来最轻的年份。轻冰年的特点是结冰范围小、冰薄、冰期短,对海上生产无影响。除河口、浅滩、个别海湾及岸边地区有冰外,大面积的冰区只出现在辽东湾北部,渤海的广阔海面无冰。据计算,轻冰年的冰区面积只及常年的1/3至1/2,常年的冰区面积为渤海相对面积的40%左右,而轻冰年只占渤海相对面积

图 7.1 渤海湾 1988 年 1 月 25 日冰情卫星遥感图片

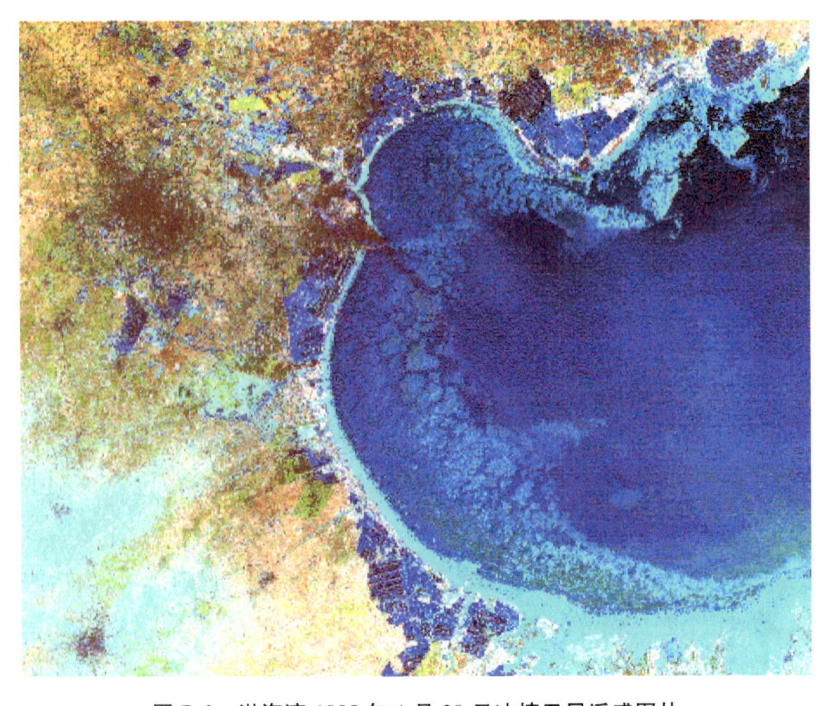

图 7.2 渤海湾 1998 年 1 月 20 日冰情卫星遥感图片

的 10%～20%。轻冰年份除营口、鲅鱼圈等地有固定冰外,许多地方无固定冰出现。轻冰年冰层较薄,堆积现象也较轻,航道基本无封冻,船只通行无阻。轻冰年的冰期普遍较常年冰期短 5～40 天。从气象条件看,轻冰年份强冷空气活动较少,强度也弱,大风次数少,持续时间短,月平均气温比多年平均气温高 3～4℃,渤海及黄海的海面水温比多年平均值高 1～2℃,降温不明显,不利于海水结冰。

重冰年的特点是冰期长(比一般年份的冰期长 15～25 天),结冰范围大(比一般年份大 1～2 倍),冰层较厚,港湾及航道被封冻,冰质坚硬,冰的堆积现象严重,船只被冻在海上,海上建筑物遭到破坏,气候偏冷,冷空气势力强而活动频繁。

在重冰年,渤海除海域中央及渤海海峡外,几乎全被海冰覆盖。渤海湾沿岸海冰堆积现象严重,一般为 2～3 层海冰重叠在一起,多者 4 层,冰厚 30～70 cm,最厚为 1.5 m。堆积高度为 2～4 m,以致在大沽口外形成"冰丘"。冰情由渤海湾西岸向东逐渐减轻,塘沽新港被封冻,破冰船几乎停止作业,海上生产困难,许多船只被冰围困而无法航行,随风和冰流漂移。有的船只被海冰推移而搁浅;有的被海冰挤压而船舱进水和船体变形;海上建筑物被海冰推倒或割断支柱而倒塌。有时海轮被冰围困后,旅客下船在冰上步行登岸。渤海湾的结冰范围甚广,海河口外结冰宽达 200 多公里,直至东经 121°附近,海面还有 4～5 cm 厚的薄冰。

半个多世纪以来,渤海每次冰封或严重冰情都会带来不同程度的损失,几乎每十年就有一次损失严重的海冰灾害。据 20 世纪 30 年代以来的海冰观测和记载,属重冰年的有 1936 年、1947 年、1957 年、1969 年和 1977 年,共 5 次,最为严重的是 1969 年的渤海特大冰封。

根据国家海洋局 1989—2011 年的海洋灾害公报,2010 年的冰情是近年来最为严重的。2010 年 1 月下旬,渤海及黄海北部出现 30 年来同期最严重冰清(见图 7.3 和图 7.4),主要特点是冰情发生早、发展速度快、浮冰范围大、冰层厚。辽东湾海冰距湾顶最大距离约 108 海里,一般冰厚 20～30 cm,最大冰厚 55 cm;渤海湾海冰距湾顶最大距离约 30 海里,一般冰厚 10～20 cm,最大冰厚 30 cm。在冰情严重期,辽东湾北部沿岸港口基本处于封港状态;素有"不冻港"之称的秦皇岛港冰情严重,港口航道灯标被流冰破坏;天津港船舶进出困难,影响了海上施工船作业;渤海海上石油平台受到流冰的严重威胁。

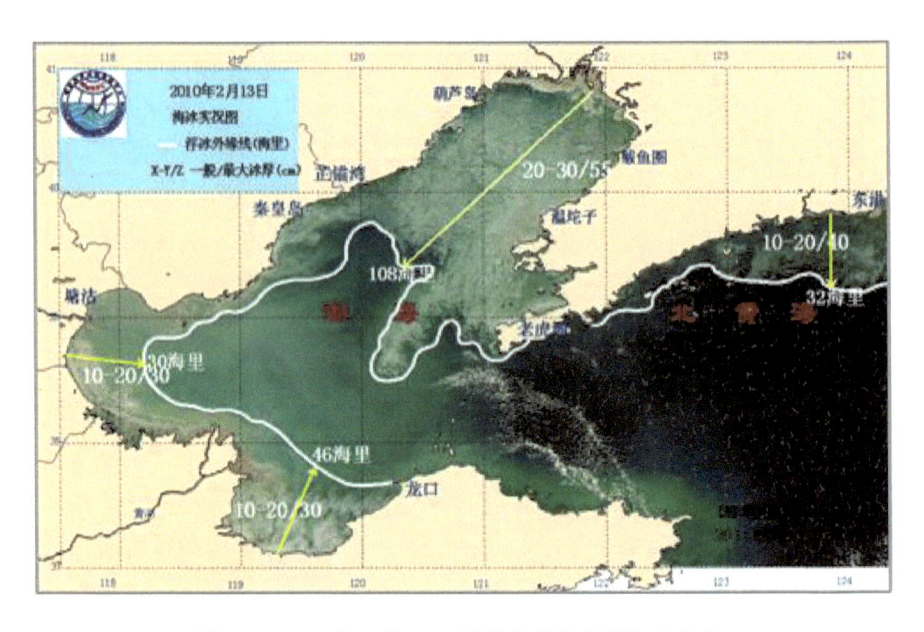

图 7.3　2010 年 2 月 13 日渤海及黄海北部海冰实况

a. 汉沽大神堂渔码头海冰状况　　　　　b. 南港工业区海冰状况

图 7.4　2010 年冬季工程区附近海域海冰实况

7.1.3　现场冰情考察

2006 年 1 月 19 日—21 日，课题组在渤海湾海河口至大神堂海域和辽东湾鲅鱼圈营口电厂取水口现场考察了冬季结冰情况。

因永定新河口和大神堂附近被冰封，考察船只能从海河口内的渔港出发，绕过天津港南疆港区后一路北上,跨越天津港航道,经过永定新河口外海域直至(北疆)电厂厂址离岸 7 km 海域。海河口也基本上被冰封,见图 7.5,因有挖泥船作业,其工作船定期运送工作人员往返留下了一条不宽的碎冰带。海河口冰型较为散乱,岸边冰层较厚,据当地渔民介绍至少有 20 cm;在碎冰带两侧,有大小不一且排列紧密的浮冰,有的地方多层浮冰堆积。天津港航道没有受到海冰影响,其进出船舶较为频繁,在航道两侧只有少量浮冰。过了航道往北,浮冰排列逐渐紧密,冰型多为莲叶冰,见图 7.6。大神堂离岸 7 km 海域水面为厚度不一的浮冰,见图 7.7。从 2006 年 1 月 7 日和 2006 年 1 月 26 日的卫星遥感图片(图 7.8 和图 7.9)中可看到渤海湾天津市沿岸大致的结冰范围。

辽东湾的冰情较渤海湾要严重。在鲅鱼圈营口电厂取水口外,冰面凹凸不平,见图 7.10,一般是 2~3 层海冰重叠在一起,隆起得越高,海冰重叠层越多。据国家海洋环境监测中心的专家介绍,该取水口外海冰范围至少有 20 海里(约 40 km),一般平整冰厚 15~25 cm,最大冰厚 45 cm。

图 7.5 海河口冰况

图7.6 天津港航道与大神堂离岸7 km海域之间冰况

图7.7 大神堂离岸7 km海域冰况

图 7.8 2006 年 1 月 7 日渤海湾冰情卫星遥感图片

图 7.9 2006 年 1 月 26 日渤海湾冰情卫星遥感图片

图 7.10　鲅鱼圈营口电厂取水口冰况

7.1.4　冰凌影响及对策

对渤海湾内冰情的历史资料和现场情况进行分析，一般冰情下，取水安全基本不会受到影响，但在重冰年，海冰有可能堆积进而危及相关取水工程，这需要在工程设计和运营管理中引起足够重视。国家海洋局于 2005 年发布了《风暴潮、海啸、海冰灾害应急预案》，在结冰季节，应注意接收海冰预报信息和当地海洋管理部门对灾害的应急处理。

7.2　赤潮

赤潮是指在一定的环境条件下，海水中某些浮游植物、原生动物或细菌在短时间内突发性增殖或高度聚集而导致水质败坏、海水变色的生态异常现象。海水富营养化是赤潮发生的基础，水文气象和海水理化因子(如海水温度、盐度、日照强度、径流、海流等)是诱发赤潮的重要原因。北疆电厂、南港工业区一体化取水工程所在海域位于渤海湾底部，赤潮灾害属于海湾型赤潮，导致此类赤潮的营养物质主要来源于沿岸的工业、生活污水。同时由于水体交换能力差,故有利于赤潮生物的生长。

7.2.1 渤海湾赤潮发生事件概况

渤海湾赤潮灾害主要集中在辽东湾的中部和西部海域、渤海湾和莱州湾的西侧(见图 7.11),其中天津地区是赤潮多发区。1977 年第 1 次在该地区记录到赤潮灾害。2002 年,国家海洋局在天津市大沽锚地附近海域建立赤潮监控区(设 6 个固定监测站),作为国家赤潮防治的重点海域,进行高频率、高密度的赤潮监测。自赤潮监控区建立至 2010 年,在天津海域已监控到赤潮 20 余次,赤潮记录见图 7.11。

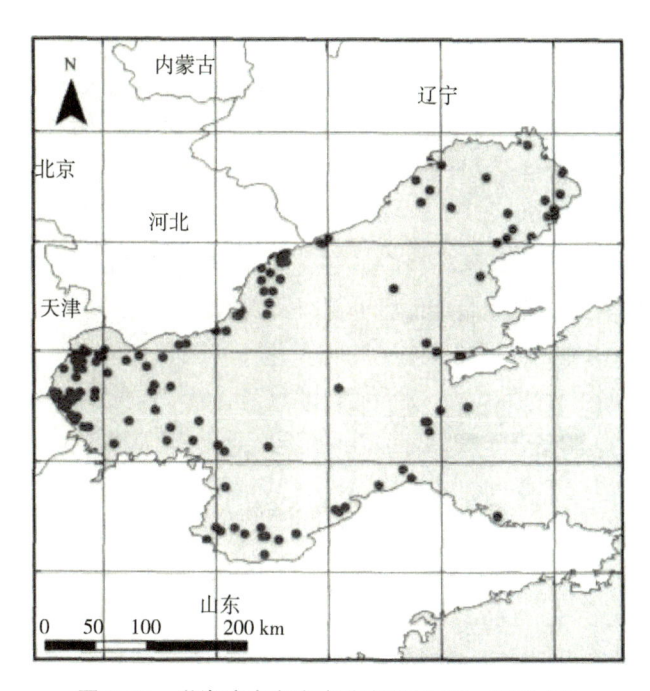

图 7.11　渤海湾赤潮灾害分布图(1933—2009 年)

7.2.2 渤海湾赤潮发生特点

(1) 赤潮面积

从建立赤潮监控区至 2010 年,天津地区共计发生特大赤潮 2 次(赤潮面积在 1 000 km² 以上),尤其是 2004 年,赤潮面积达 2 500 km²,为天津市所辖海域 2002—2010 年赤潮灾害最为严重的一年,也是渤海湾首次发生的大面积有毒赤潮。赤潮发生期，水面多呈现褐色或棕褐色，属单相赤潮，此次赤潮从发生规模到持续时间都属多年不遇。赤潮面积在 500～1 000 km² 之间的重大赤潮共计 3 次，面积在 100～500 km² 之间的大型赤潮 4 次。2002—2010 年，平均每年有一次大型以上赤潮发生。

（2）赤潮发生时间和持续时间

由表 7.1 可以看到，天津地区赤潮主要发生在 5—10 月，冬季尚未有发生赤潮的报道和记录。2007 年 5 月 5 日，在赤潮监控区发现中肋骨条藻，为发生赤潮的最早时间。2007 年北塘、汉沽海域浮动湾角藻赤潮发生的时间最晚（11 月 10 日发生），至 11 月 22 日才消失。6—9 月是赤潮高发期，76% 的赤潮发生在这个时间段。其中，6 月份发生次数最多，监测期间共发生 11 次，占总赤潮发生数的 52%。

赤潮从发生到消失的持续时间与赤潮生物种类等有一定关系。红色中缢虫赤潮持续时间较短，在 1 天左右；北疆电厂工程区海域赤潮持续时间普遍在 7 天左右，2010 年威氏圆筛藻赤潮从 9 月 19 日发生，至 11 月 3 日结束，持续时间达 46 天。

（3）赤潮生物物种

目前发现的赤潮生物有 330 多种，在我国有 50 种以上。研究资料表明，由于不同海域生态环境各异，令特定海域一定时间内形成赤潮的生物种类一般只有几种。近年来，天津地区常见的赤潮生物种类为夜光藻和红色中缢虫。此外，导致赤潮发生的物种还有叉状角藻、圆筛藻、小新月菱形藻等，见图 7.12～图 7.14。

夜光藻是一种完全异类的赤潮生物，是甲藻中较为特殊的一个类种，是我国近海引发赤潮的主要种类，其最适合的生长温度为 19～22℃。

红色中缢虫是唯一能形成赤潮的原生动物，赤潮水体一般呈紫褐色条带状分布，透明度较高，给现场监测带来一定困难。红色中缢虫赤潮持续时间一般较短。

a. 2010 年 6 月夜光藻赤潮现场　　　　　　b. 夜光藻镜下图像

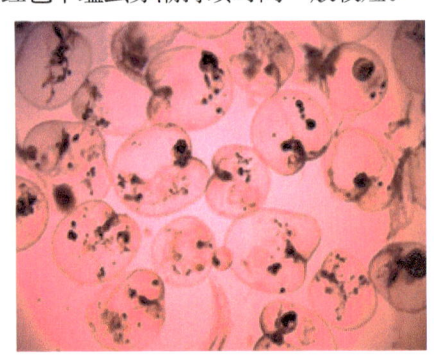

图 7.12　夜光藻赤潮现场照片

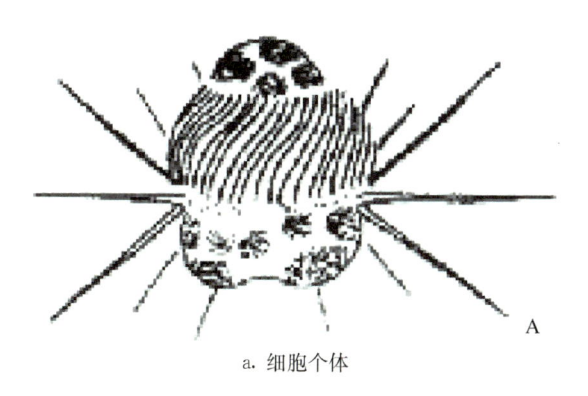

a. 细胞个体 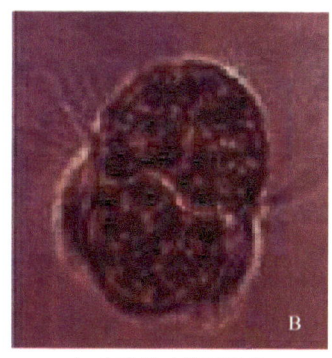　　　　　　　　　　　　b. 细胞形态镜下图像

图 7.13　红色中缢虫图片

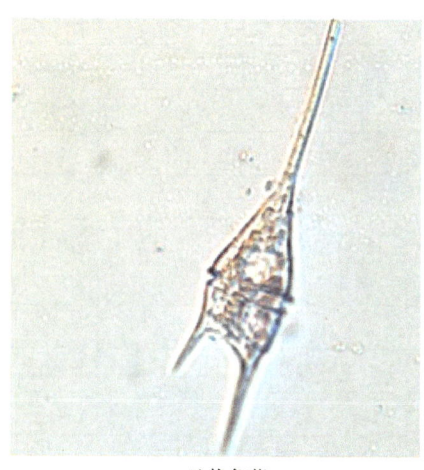

a. 叉状角藻 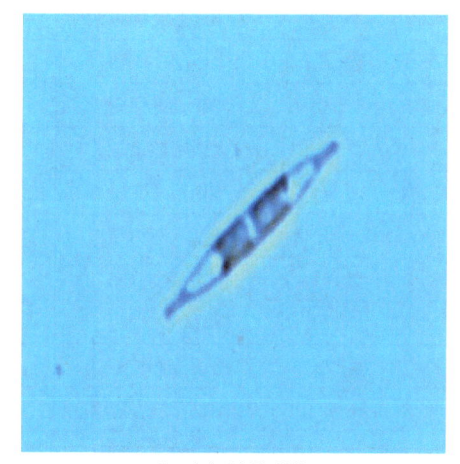　　　　　　　　　　　　b. 小新月菱形藻

图 7.14　叉状角藻和小新月菱形藻图片

7.3　本章小结

（1）受地理位置及气象条件影响，渤海湾每年冬季皆有不同程度的结冰现象，冰期为 90～110 天（12 月至翌年 3 月初），近岸处一般为固定冰，离岸较远处为浮冰。

（2）渤海湾属赤潮多发区域，6—9 月是赤潮高发期；1977—2009 年，平均每年有一次大型以上赤潮发生。

（3）渤海湾地区海堤工程、取水工程等在工程设计和运营管理中应对海冰现象引起足够重视。此外，取水工程还应重视赤潮问题。

表 7.1 天津地区赤潮发生记录

发生时间	发生海域	最大记录面积（km^2）	主要藻种	密度（10^5 个/L）	水色
1977.8.8—8.29	大沽口海域	560	微型原甲藻	1600～7200	红褐色
1991.10	大沽锚地	100	星脐圆筛藻		黑褐色
1996.9	大沽锚地	200			棕褐色
1998.9.24	渤海湾	30			
1998.10.3	天津新港	800			
1999.7.2	大沽锚地附近	25			酱紫色
2001.5.31	天津港防波堤附近		圆筛藻		
2001.6.2—6.3	天津港东突堤以东		圆筛藻		深棕色
2002.7.4—7.5	海河船闸—海河口	2			绛红色
2002.7.14—7.21	天津新港船厂附近	5	微型原甲藻		酱红色
2003.7.1—7.8	大沽锚地附近	100		26	红色
2004.5.31—6.2	塘沽东侧	8	中肋骨条藻	1.7	褐色
2004.6.11—6.18	塘沽附近海域	2 500	三宅裸甲藻(毒)	13～310	浅褐红色
2004.6.12	海滨浴场以东	2	赤潮异湾藻		
2004.6.17	渤海湾口附近	970	红色中缢虫	17.5	紫红色
2004.6.21	驴驹河赤潮监控区	10	红色中缢虫	37	红褐色
2005.6.2—6.15	天津港、大沽锚地	1 017	裸甲藻 sp(毒)	2.4～11	褐色
2006.6.4—6.12	天津港南侧	2.5	赤潮异湾藻	143	褐色
2006.6.26—6.27	驴驹河赤潮监控区	60	赤潮异湾藻	215	棕红色
2006.8.8—8.11	天津附近海域	600	夜光藻	0.06	
2006.10.8—10.19	驴驹河赤潮监控区	200	球形中囊藻		
2007.5.5	驴驹河海域	130	中肋骨条藻	5.38	浅褐色
2007.10.16—10.24	北塘附近海域	30	球形中囊藻	79.45	
2007.11.10—11.22	北塘、汉沽附近海域	80	浮动湾角藻	12.4	棕红色
2009.5.31	塘沽东南约 40 km	700			
2008	驴驹河赤潮监控区	30	叉状角藻		
2009.8.1—8.3	驴驹河赤潮监控区	300	中肋骨条藻		棕褐色
2010.5.24—6.12	天津港航道—汉沽海域		夜光藻		
2010.9.19—11.3	汉沽附近海域		威氏圆筛藻		

第 8 章

海平面上升

国家海洋局自2000年起开始发布《中国海平面公报》，本章从相关公报中摘录信息，分析天津滨海新区海平面上升趋势。

全球气候变暖、极地冰川融化、上层海水变热膨胀等原因会引发全球性海平面上升现象。就某一地区的实际海平面变化而言，还受到当地陆地垂直运动——缓慢的地壳升降和局部地面沉降的影响。

海平面上升对沿海地区社会经济、自然环境及生态系统等有着重大影响。首先，海平面的上升可淹没一些低洼的沿海地区，增强海洋动力因素向海滩推进，侵蚀海岸，从而变"桑田"为"沧海"；其次，海平面的上升会使风暴潮强度加剧，频次增多，不仅危及沿海地区人民的生命财产，而且还会使土地盐碱化。在我国，受海平面上升影响严重的地区主要是渤海湾地区、长江三角洲地区和珠江三角洲地区。

8.1 我国海平面上升趋势

由全球气候变暖造成的海水膨胀和冰川融化，是引起海平面上升的主要原因之一，中国沿海的海平面变化将受其直接影响。同时，我国沿海特大型城市发展迅猛，大型建筑物密集和地下水过量开采，加剧了地面沉降，是引起当地海平面相对上升的另一主要原因。

海平面变化具有明显的趋势性和波动性，趋势性表示海平面长期变化的总体趋势，波动性由若干周期性和随机变化组成。中国沿海海平面变化波动较大，但总体呈上升趋势。监测与分析结果表明：1977—2009年，中国沿海海平面总体呈波动上升趋势，平均上升速率为2.6 mm/a，高于全球海平面平均上升速率。

依据全球海平面观测系统（GLOSS）的约定，将1975—1993年的平均海平面定为常年平均海平面（简称常年）；将该期间的月平均海平面定为常年月均海平面。

2009年，中国沿海海平面处于过去30年来的高位，分别比常年和2008年高68 mm和8 mm。预计未来中国沿海海平面还将继续上升，各级沿海政府应密切关注其变化和因此带来的影响。

《2013年中国海平面公报》数据显示：中国沿海海平面变化总体呈波动上升趋势，1980年至2013年，中国沿海海平面上升速率为2.9 mm/a，高于全球平均水平。2013年，中国沿海海平面较常年高95 mm，较2012年低27 mm，为1980年以来第二高位。

8.2 渤海及天津沿海海平面上升趋势

渤海海平面平均上升速率为 2.3 mm/a。2009 年,渤海海平面比常年高 53 mm,与 2008 年相比基本持平,见图 8.1。

2013 年,天津沿海海平面比常年高 118 mm,比 2012 年低 10 mm。2013 年,天津沿海各月海平面均高于常年同期,其中,1 月、2 月和 10 月海平面分别高出 274 mm、217 mm 和 227 mm;与 2012 年同期相比,11 月海平面低 135 mm(图 8.2)

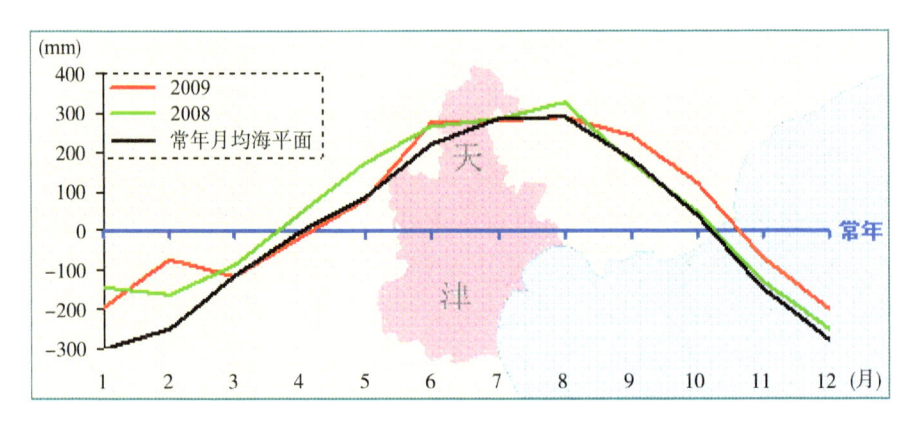

图 8.1　2008 年和 2009 年渤海月均海平面变化

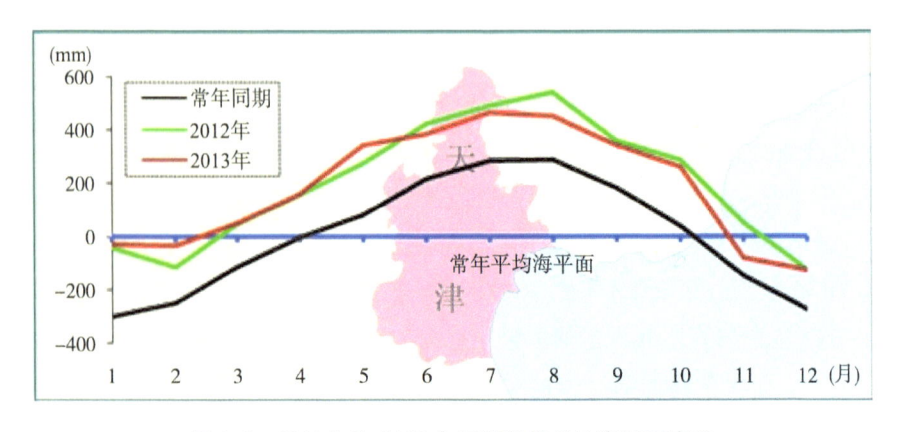

图 8.2　2012 年和 2013 年天津沿海月均海平面变化

天津滨海新区是海平面上升影响的脆弱区。海港物流区作为滨海新区规划的主要功能区,受海平面上升和风暴潮影响最严重,为应对海平面上升和地面沉降,应提高基础设施的设计和建设标准。

2009年2月中旬,强温带风暴袭击天津沿海,恰逢海平面异常偏高,最高潮位超过警戒水位23 cm,天津港和渤海石油公司等单位不同程度受淹。2009年4月15日,温带风暴袭击天津沿海,适逢天文大潮期,天津近岸海域出现了超过警戒水位的高潮位,沿海部分防护设施被损毁,造成较大经济损失。

我国沿海位于河口淤积平原的城市,地面存在压实效应,同时过量开采地下水和大型建筑物群带来的地面负载会加速地面沉降,间接造成了海平面上升。2001—2003年间,天津沿海海平面在全国各沿海省(自治区、直辖市)中升幅最大,主要原因是该地区地面沉降较为严重,年沉降率达到厘米级,部分地区多年累积沉降量较大,局部地区甚至低于平均海平面,从而加剧了该地区相对海平面上升。

8.3 海平面上升的危害与对策

海平面上升作为一种缓发性海洋灾害,其长期的累积效应将加剧我国沿海地区风暴潮灾害破坏程度,加大沿海城市的洪涝威胁,减弱港口功能,引发海水入侵、土壤盐渍化、海岸侵蚀等问题,造成沿海湿地损失,改变生态系统的服务功能,增加一些珍稀濒危生物的生存压力,同时造成沿海城市市政排污工程的排污能力降低,对环境和人类活动构成直接威胁,严重影响沿海经济和社会的发展。

天津滨海新区是我国经济发展的重要区域,同时也是海平面上升影响的脆弱区,为保证该区的可持续性发展,有效减缓海平面上升的影响,建议从以下几个方面合理应对:

(1)加强海平面影响调查工作,掌握海平面上升对本地区的影响状况,在制定本地区发展规划时,充分考虑海平面上升因素。

(2)应严格控制建筑物高度与密度及地下水开采,有效减缓地面沉降,减少海平面的相对上升幅度。

(3)根据海平面上升的监测预测成果,修订堤防设施标准。

(4)加强防潮堤和地面沉降监测,依据天津沿海的地面沉降变化特点,提高沿海防御能力,将海平面上升和相关海洋灾害带来的潜在风险降到最低。

(5) 如果在天津沿海天文大潮期期间遭遇温带风暴,容易形成灾害,相关部门应密切关注。

8.4　本章小结

(1) 1977—2009 年,中国沿海海平面总体呈波动上升趋势,渤海海平面平均上升速率为 2.3 mm/a,预计至 2039 年,渤海海平面将比 2009 年升高 68～118 mm。

(2) 天津滨海新区是海平面上升影响的脆弱区。2013 年,天津沿海海平面比常年高 118 mm,比 2012 年低 10 mm。预计至 2043 年,天津沿海海平面将上升 105～195 mm。

(3) 海平面上升会导致风暴潮灾害频次和受灾损失增加。在城市防潮(防洪)和海岸工程建设中更应加强对海平面上升的调查研究,并在规划设计中予以充分考虑。

第 9 章

主要结论

第9章 主要结论

（1）海河口、永定新河口和独流减河口是海河流域渤海湾内的三个主要河口，径流匮乏，入海沙量较少，河口建有挡潮闸，河口防潮闸设计行洪流量分别为 800 m³/s、4 640 m³/s 和 3 600 m³/s。海河口、永定新河口和独流减河口综合整治规划治导线调整分别于 2006 年、2009 年和 2014 年获水利部批准。三河口区分别规划建设有港口航道工程等。

（2）渤海湾地处半湿润大陆性季风气候区，主要特点是四季分明，春季干旱多风，夏季炎热多雨，秋季晴朗气爽，冬季寒冷干燥少雪。

（3）风是气象要素中相对不稳定的一个因素，观测资料年际统计值有一定的差异。作者收集并统计分析了渤海湾实测风资料，采用皮尔逊Ⅲ型曲线拟合计算了各站点不同方向的重现期风速值。

（4）本书收集了新港灯船站、新港灯塔站（测波站）和塘沽海洋站（7#平台）的波浪实测资料。天津港附近灯船站波浪常浪向为 SE 向，强浪向为 E 向，主要强浪方向带为 NE～SE 向；灯塔站波浪以小周期风浪为主，常浪向为 S 向，WSW～S～ENE 范围内的波向频率占全年的 61.74%；独流减河口东南海域的塘沽海洋站（7#平台）以小周期风浪为主，波浪方向主要分布于 NE～ESE 向。此外，作者采用能量频率加权平均法推求了上述三个测波站位代表波要素。

（5）本书采用风推浪和天气图方法分别推算了渤海湾外海重现期波要素，经综合分析，推荐了渤海湾外海－20 m 等深线处不同重现期的波浪要素。该成果已被运用于天津滨海旅游区和南港工业区防潮堤规划设计研究。

（6）渤海湾位于渤海的黄河口和秦皇岛两个无潮点之间，渤海湾围填海工程实施前，潮汐性质为不正规半日潮。渤海湾沿岸潮差由湾口向湾顶递增，最大潮差出现在永定新河口与独流减河口之间海域。

（7）本书分析了 2013 年渤海湾大范围水文测验潮位资料，渤海湾各地区潮位差别较大。渤海湾湾口西南侧的东营港附近最高潮位低、最低潮位高，潮差最小时接近无潮点，湾口东北侧的曹妃甸附近潮差次之，渤海湾湾顶附近的独流减河口则表现为最高潮位高、最低潮位低、潮差大。此外，独流减河闸（闸下）站址处滩地较高，低潮位时因露滩等因素存在潮位退不净现象。三个河口通道内均存在潮波变形现象，最高、最低水位表现为由外海向防潮闸闸下逐渐增高。河口潮汐涨潮历时短、落潮历时长。

（8）渤海湾围填海工程实施后，水文测验期间 22 条垂线潮流同步实测资料表明，永定新河口、海河口和独流减河口海域潮流基本表现为往复流，渤海湾深水区域大体表现为旋转流。从空间角度看，深水区测点的流速较近岸河口区海域测点的大，海河口各测点的平均流速相对于永定新河口及独流减河口的要大一些，永定新河口较独流减河口各测点的平均流速略大些。涨潮流强于落潮流。

（9）根据塘沽验潮站和南港工业区验潮站实测潮位资料进行了设计水位推算，南港工业区设计高水位高于塘沽地区，设计低水位则低于塘沽地区；通过收集塘沽验潮站 50 年年极值潮位序列资料，推算了塘沽地区和南港工业区的重现期潮位，南港工业区重现期潮位高于塘沽地区，该研究成果已被运用于生产实践。

（10）渤海湾是我国风暴潮灾害最严重的地区之一，风暴潮一年四季均有发生，历史上渤海湾曾多次发生强风暴潮灾害，给社会经济和人民生命财产带来了巨大损失。该区发生的典型风暴潮分别是 7203 号台风风暴潮、9216 号台风风暴潮、9711 号台风风暴潮、2003 年 10 月寒潮风暴潮和 1210 号台风风暴潮。其中，9216 号台风和 9711 号台风风暴潮期间天津塘沽验潮站最高潮位分别为 5.87 m(1992 年 9 月 1 日 18 时)和 5.54 m(1997 年 8 月 20 日 16 时)，对渤海湾沿岸影响严重。

（11）历史上，黄河、大清河、海河等入海河流是渤海湾的主要泥沙来源，随着海河流域径流的减少和三河口陆续建闸，渤海湾湾内的入海径流与泥沙均大幅减少。渤海湾内海河流域的主要河口区域泥沙运动受海相动力控制，在波浪掀沙和潮流不对称的作用下，浅滩泥沙向岸输移，使原河口拦门沙向岸移动，并引起河口闸下淤积，进而降低防潮闸的过流能力。

（12）渤海湾围填海工程实施前，三河口水体含沙量随水深的增加逐渐减小；在特殊天气条件下，海河口、永定新河口和独流减河口最大含沙量分别可达 2.10 kg/m^3、6.5 kg/m^3 和 5.5 kg/m^3，永定新河口观测含沙量曾高达 17.25 kg/m^3。关于年平均特征含沙量，永定新河口最大，独流减河口次之，海河口略小。

（13）渤海湾围填海工程实施前，三河口海域表层沉积物主要由细颗粒物质组成，平均中值粒径小于 0.03 mm，黏土含量高于 25%，归类为淤泥质海岸。其中，海河口海域底质有逐渐粗化的趋势，永定新河口海域海床面上存在大片容重为 1.05～1.3 t/m^3 的运动性活跃的新淤泥（浮泥）。围填海工程实施后，三河口海域的泥沙组成和海岸类型未发生改变，依然属于淤泥质海岸；独流减河口以南一定范围也属于淤泥质海岸，黄骅港及套尔河口以南海域则属于粉砂质海岸。

（14）海河口建闸前，其口外浅滩经历了向外迅速淤长的过程；海河闸建成后，因入海水量、沙量陡减，口外浅滩不断被侵蚀，伴随着闸下逐年清淤，拦门沙渐次向岸靠拢。永定新河口海域岸滩 5 m 等深线以外变化不大，河口深槽两侧 2 m 等深线冲淤交替变动最为明显，0 m 等深线的摆动幅度也较大。独流减河口海域自 1985 年以来，近岸等深线有进退调整，无显著单向性变化。

（15）渤海湾围填海工程实施前，海河口和独流减河口闸下河道多年深泓线的变化表明闸下地形呈逐年淤高趋势。在围填海工程实施前，影响海河流域海河口和独流减河口泄洪能力的主要因素是闸下淤积，以开挖清淤槽并定期于汛前清淤作为维持泄洪能力的工程措施。河口未建闸的永定新河则遭受到持续的海相来沙淤塞河道，并最终采取河口建闸辅以闸下清淤槽的防洪工程措施。

（16）渤海湾每年冬季皆有不同程度的结冰现象，属赤潮多发区域。该地区的海堤工程、取水工程等在工程设计和运营管理中应对海冰现象足够重视，此外取水工程还应重视赤潮问题。

（17）天津地区海平面上升与地面沉降两种效应的叠加导致风暴潮灾害频次和受灾损失增加。该地区在城市防潮（防洪）和海岸工程建设中更应加强对海平面上升、地面沉降的调查研究，并在规划设计中予以充分考虑。